秦皇岛昆虫生态图鉴

高宏颖 刘星月 董立新 雷大勇 编著

燕山大学出版社
·秦皇岛·

图书在版编目（CIP）数据

秦皇岛昆虫生态图鉴 / 高宏颖等编著. —秦皇岛：燕山大学出版社，2023.10
ISBN 978-7-5761-0241-3

Ⅰ．①秦… Ⅱ．①高… Ⅲ．①昆虫－秦皇岛－图集 Ⅳ．①Q968.222.23-64

中国国家版本馆 CIP 数据核字（2023）第 182939 号

秦皇岛昆虫生态图鉴
QINHUANGDAO KUNCHONG SHENGTAI TUJIAN
高宏颖 刘星月 董立新 雷大勇 编著

出 版 人：陈　玉			
责任编辑：朱红波		策划编辑：朱红波	
责任印制：吴　波		封面设计：高宏颖　庞小强	
出版发行：燕山大学出版社		电　　话：0335-8387555	
地　　址：河北省秦皇岛市河北大街西段 438 号		邮政编码：066004	
印　　刷：秦皇岛墨缘彩印有限公司		经　　销：全国新华书店	
开　　本：787 mm×1092 mm　1/16		印　　张：25.25	
版　　次：2023 年 10 月第 1 版		印　　次：2023 年 10 月第 1 次印刷	
书　　号：ISBN 978-7-5761-0241-3		字　　数：279 千字	
定　　价：329.00 元			

版权所有　侵权必究
如发生印刷、装订质量问题，读者可与出版社联系调换
联系电话：0335-8387718

《秦皇岛昆虫生态图鉴》编委会

主　　　任：曹立新
副 主 任：刘振杰　范怀良　刘耀民　高崇颖
委　　　员：高宏颖　刘星月　董立新　雷大勇　王印刚
总 策 划：范怀良　刘耀民

《秦皇岛昆虫生态图鉴》编著组

编　　　著：高宏颖　刘星月　董立新　雷大勇
专家组组长：刘星月　中国农业大学植物保护学院昆虫学系主任、
　　　　　　教授、博士生导师
编　　　委：（按姓氏笔画排序）

于文江	于丽辰	马　丽	王　洋	王　勇	王印刚
王永生	王佳丽	王建赟	王彦卿	王晨阳	王勤英
孔祥林	叶潇涵	田梦君	乔　亮	任士昕	刘廷辉
刘志禹	刘经贤	刘春洋	刘星月	刘晓艳	刘耀民
汤　亮	许　浩	许州达	许艳梅	孙李光	麦祖齐
李　竹	李　彦	李卫海	李子木	李立涛	李轩昆
李雨珊	李泽建	李鸿宇	杨干燕	杨玉霞	杨逍然
吴　俊	吴天剑	邱　爽	邱　鹭	何祝清	余甜甜
谷文倩	汪志和	宋海天	张　芳	张浩淼	张婷婷
张魁艳	陈　卓	陈华燕	陈志腾	陈家海	武靖羽
林美英	周长发	庞小强	郑心怡	郑昱辰	赵明智
赵春明	姜春燕	贺天龙	贺丽敏	徐环李	高传部
高宏颖	高素红	唐　璞	唐楚飞	曹亮明	戚慕杰
梁飞扬	董立新	董建华	韩少林	韩冰杰	韩红香
韩春政	韩辉林	程珊珊	赖　艳	雷大勇	雷启龙
臧昊明	谭江丽	潘　昭			

文 字 编 审：高宏颖　刘星月
图 片 处 理：雷大勇
封 面 设 计：高宏颖　庞小强

样线调查实景一

摄影：陈昌盛

PRELIMINARY REMARKS | 卷首语

　　昆虫，是自然界中最庞大的生物家族。形态奇特、色彩丰富的昆虫是地球生物多样性的重要组成，在维系生态系统良性循环方面起着举足轻重、不可替代的作用。昆虫不仅与植物相依而生，还与人类建立了息息相关的联系。因此，了解和识别昆虫，摸清特定区域内昆虫多样性本底和发生情况，对于评估监测区域生物多样性现状、建立精准的有害昆虫防治措施以及高效利用好有益昆虫资源具有重要的意义。

　　秦皇岛市位于河北省东北部，依燕山傍渤海，具有得天独厚的自然条件和丰富的生物资源，是我国候鸟迁徙的重要途经地。秦皇岛市地处华北区和东北区两大动物区系交界，具有山地森林、海岸森林、湿地、农田等多样化的生态系统，昆虫多样性丰富。然而，历史上关于秦皇岛地区的昆虫鲜有报道，资料匮乏。《秦皇岛昆虫生态图鉴》通过多位昆虫爱好者历时四年在秦皇岛全域进行考察和拍摄，记录了本地区昆虫的特有风采；参编专家以严谨的态度对所记录的物种进行了充分鉴定。在本书中，1576种昆虫被展现得淋漓尽致、生灵活现，还包括以模式产地为秦皇岛的或珍稀罕见的一批代表性昆虫物种。通过阅读本书，我相信，会有更多读者改变对昆虫世界的认知，也会有更多读者加入保护生物多样性的队伍之中。

　　《秦皇岛昆虫生态图鉴》经过作者们几年来辛勤的野外考察、专家们的精心审核以及编委们的通力合作，即将出版发行。本书是秦皇岛地区生物多样性研究的重要成果，是农林、植保、生态等领域的重要资料，也是促进秦皇岛市科普事业发展的里程碑式著作。希望本书的出版发行能够进一步促进秦皇岛市乃至河北省的生物多样性保护工作的开展及生态文明建设。

张润志

2023年9月19日于北京

张润志，中国科学院动物研究所研究员，博士生导师，国家杰出青年科学基金项目资助获得者。主要从事鞘翅目象虫总科系统分类和外来入侵害虫的鉴定、预警、综合防治等研究工作。目前兼任国家生物安全专家委员会委员、国家林草局咨询专家、全国农业植物检疫性有害生物审定委员会委员。发表学术论文230余篇，出版专著、译著20部；获得国家科技进步奖二等奖3项（其中2项为第一完成人，1项为第二完成人）；培养博士、硕士研究生48人。

样线调查实景二

摄影：陈昌盛

PREFACE | 前言

在人类生活的地球上，昆虫物种数量据估算超过1100万，占地球上所有动物物种的80%以上。在1100万这个巨大的数字面前，人类只发现、研究和命名了约95万种昆虫。这两个数字的对比，对于喜欢走进自然的人来说，充满了无穷的诱惑和探索的魅力！

众所周知，昆虫与植物息息相关，它们共与生命之源、共与协同演化。20世纪中叶，科学家开始对植物的传粉媒介（昆虫是绝对主力军）数量和传粉媒介的多样性的下降产生了担忧。不仅仅是农作物，大量的野生植物也急盼昆虫的"回归"。传粉昆虫的减少，影响植物结果与繁殖，如果昆虫的减少进一步加剧，甚至可以直接影响到人类的正常生活。但是，在另一方面，部分植食性昆虫，对于农林业生产来说，具有巨大的破坏力，会威胁农业生产和粮食安全。有些昆虫还携带细菌，直接袭扰人类，造成伤害，成为重大卫生害虫。在昆虫的"益"与"害"之间，我们首先需要做的是发现它、了解它、研究它。

秦皇岛市位于河北省东北部，北高南低，依山傍海，地貌多样，最高峰都山海拔1846.3米，全市境内有23条主要河流。气候为暖温带半湿润大陆性季风气候，年平均气温10℃左右，年均降水量730毫米。农田面积255万亩，林地面积612万亩。已知野生植物1300余种、鸟类500余种，其他动植物和海洋生物也相当丰富。然而，有关秦皇岛地区昆虫的资料较为匮乏，出版一部适合秦皇岛地区的昆虫辨识手册尤为必要。

自2019年开始，为全面掌握秦皇岛地区昆虫多样性本底数据，确保农业、林业生产安全，同时也为了摸清秦皇岛地区生物多样性构成体系，补齐昆虫类群这一重要短板，由秦皇岛市生物多样性保护志愿者团队、秦皇岛市植保植检站和有关科研院所组成联合科考队，对秦皇岛地区的昆虫进行了为期四年的考察调研。参加科考调研的同志们不辞辛苦、披星戴月、日夜兼程、跋山涉水，他们任劳任怨，勇于担当。昆虫体型较小、形态多样、习性复杂，有些昆虫隐蔽性强，取得清晰影像并进行准确识别难度极高。但是，经过志愿者们的不懈努力和艰苦付出，终于取得了秦皇岛地区较为全面、完整的昆虫基础数据和影像资料。

野外采集影像　　　　　　　　　　　　　　专家鉴定现场

　　《秦皇岛昆虫生态图鉴》的编排采用了国内普遍认可的昆虫分类系统，学名、中文名的使用依据《中国昆虫生态大图鉴》《河北昆虫生态图鉴》等最新出版的著作。部分物种由于资料有限或需要标本解剖，只定名到属。本书共收录秦皇岛地区分布的昆虫19目、225科、267属、1576种。

　　在昆虫考察、物种鉴定和编辑印刷过程中，我们得到了许多同志、朋友和相关单位的大力支持，还有许多同志多次参与了考察活动，在这里向他们一并表示衷心的感谢！特别是虞国跃、梁红斌、张加勇、张俊华、邱济民、王勤英等专家，在物种辨识、目科排序等方面给予了极大支持，我们尤为感激！

　　鉴于作者水平有限以及时间仓促，错误和遗漏在所难免，许多尚未鉴定到"属"的昆虫暂未收录，待到续作出版时再奉献给读者，望广大读者予以批评指正！

CONTENTS | 目录

卷首语　　　　　　　　　／1　　　前言　　　　　　　　　／3

衣鱼目
Zygentoma ········ 001
衣鱼科 ············ 001

蜉蝣目
Ephemeroptera ···· 002
蜉蝣科 ············ 003
扁蜉科 ············ 004
小蜉科 ············ 005
细裳蜉科 ·········· 006
四节蜉科 ·········· 006

蜻蜓目
Odonata ·········· 007
大蜓科 ············ 008
蜓　科 ············ 008
春蜓科 ············ 009
蜻　科 ············ 010
扇蟌科 ············ 013
色蟌科 ············ 014
蟌　科 ············ 015

襀翅目
Plecoptera ········ 016
襀　科 ············ 017
黑襀科 ············ 018
网襀科 ············ 018
卷襀科 ············ 019
叉襀科 ············ 019

蜚蠊目
Blattodea ········· 020
姬蠊科 ············ 020

地鳖科 ············ 020

螳螂目
Mantodea ········· 021
螳　科 ············ 022

䗛　目
Phasmatodea ····· 024
䗛　科 ············ 024

直翅目
Orthoptera ········ 025
螽斯科 ············ 026
驼螽科 ············ 030
蟋螽科 ············ 030
蟋蟀科 ············ 031
蝼蛄科 ············ 032
蝗　科 ············ 033
癞蝗科 ············ 036
锥头蝗科 ·········· 037
蚤蝼科 ············ 038

革翅目
Dermaptera ······· 039
球蠼科 ············ 040
肥蠼科 ············ 042
蠼螋科 ············ 042
大尾蠼科 ·········· 042

啮虫目
Psocodea ········· 043
单啮科 ············ 043
离啮科 ············ 043

半翅目
Hemiptera ········ 044
蚜　科 ············ 045
根瘤蚜科 ·········· 047
瘿绵蚜科 ·········· 047
木虱科 ············ 048
飞虱科 ············ 049
旋蚧科 ············ 050
绵蚧科 ············ 050
粉蚧科 ············ 051
毡蚧科 ············ 051
蜡蚧科 ············ 052
盾蚧科 ············ 052
沫蝉科 ············ 053
叶蝉科 ············ 054
角蝉科 ············ 059
袖蜡蝉科 ·········· 060
蜡蝉科 ············ 061
象蜡蝉科 ·········· 063
颖蜡蝉科 ·········· 063
广翅蜡蝉科 ········ 064
蝉　科 ············ 065
鼋蝽科 ············ 067
蝎蝽科 ············ 068
负子蝽科 ·········· 069
猎蝽科 ············ 070
盲蝽科 ············ 074
姬蝽科 ············ 081
跳蝽科 ············ 082
扁蝽科 ············ 082
跷蝽科 ············ 083
潜蝽科 ············ 083
长蝽科 ············ 084

网蝽科 ············ 088
红蝽科 ············ 089
蛛缘蝽科 ·········· 089
缘蝽科 ············ 090
姬缘蝽科 ·········· 094
异蝽科 ············ 095
同蝽科 ············ 096
土蝽科 ············ 098
龟蝽科 ············ 099
盾蝽科 ············ 100
蝽　科 ············ 101
荔蝽科 ············ 108

脉翅目
Neuroptera ······· 109
螳蛉科 ············ 110
褐蛉科 ············ 111
草蛉科 ············ 112
蚁蛉科 ············ 114
蝶角蛉科 ·········· 115

广翅目
Megaloptera ······ 116
齿蛉科 ············ 116

蛇蛉目
Raphidioptera ···· 117
盲蛇蛉科 ·········· 117

鞘翅目
Coleoptera ········ 118
龙虱科 ············ 119
步甲科 ············ 120

牙甲科……127	烛大蚊科……224	粉蝶科……254	天蛾科……318
阎甲科……127	窗大蚊科……224	眼蝶科……255	夜蛾科……321
葬甲科……128	蚊　科……225	蛱蝶科……257	舟蛾科……334
隐翅虫科……130	蛾蠓科……226	灰蝶科……262	毒蛾科……337
锹甲科……132	毛蚊科……226	弄蝶科……266	瘤蛾科……338
金龟科……134	虻　科……227	长角蛾科……270	灯蛾科……339
绒毛金龟科……143	鹬虻科……228	冠潜蛾科……272	
羽角甲科……143	水虻科……228	斑蛾科……273	**膜翅目**
吉丁虫科……144	蜂虻科……231	刺蛾科……274	**Hymenoptera……343**
叩甲科……148	长足虻科……234	谷蛾科……275	锤角叶蜂科……344
红萤科……152	扁足蝇科……235	绢蛾科……275	项蜂科……344
萤　科……153	蚜蝇科……235	麦蛾科……276	广蜂科……345
花萤科……154	沼蝇科……240	羽蛾科……277	树蜂科……345
蛛甲科……157	鼓翅蝇科……240	列蛾科……278	三节叶蜂科……346
小花甲科……157	实蝇科……241	银蛾科……278	叶蜂科……348
郭公虫科……158	广口蝇科……242	尖蛾科……279	钩腹蜂科……353
拟花萤科……160	茎蝇科……242	木蛾科……279	冠蜂科……354
大蕈甲科……161	果蝇科……242	织蛾科……280	小蜂科……354
露尾甲科……162	缟蝇科……243	透翅蛾科……282	褶翅小蜂科……355
瓢虫科……163	甲蝇科……244	巢蛾科……284	长尾小蜂科……355
花蚤科……168	秆蝇科……244	菜蛾科……284	褶翅蜂科……356
拟花蚤科……169	丽蝇科……245	祝蛾科……285	旗腹蜂科……356
赤翅甲科……170	鼻蝇科……245	木蠹蛾科……285	锤角细蜂科……357
拟步甲科……171	粪蝇科……245	卷蛾科……286	细蜂科……357
芫菁科……175		蛀果蛾科……291	姬蜂科……358
拟天牛科……177	**毛翅目**	舞蛾科……291	茧蜂科……362
蚁形甲科……178	**Trichoptera……246**	螟蛾科……292	青蜂科……363
距甲科……178	角石蛾科……247	草螟科……295	蚁　科……363
叶甲科……179	鳞石蛾科……247	网蛾科……301	蛛蜂科……365
天牛科……195	长角石蛾科……248	大蚕蛾科……302	胡蜂科……366
象甲科……210	石蛾科……249	箩纹蛾科……303	蜜蜂科……369
卷象科……218	瘤石蛾科……249	蚕蛾科……303	地蜂科……373
	舌石蛾科……250	枯叶蛾科……304	分舌蜂科……373
双翅目		尺蛾科……305	切叶蜂科……374
Diptera……221	**鳞翅目**	燕蛾科……315	隧蜂科……375
大蚊科……222	**Lepidoptera……251**	凤蛾科……315	泥蜂科……376
沼大蚊科……224	凤蝶科……252	钩蛾科……316	方头泥蜂科……376

主要参考文献	**/ 377**	**拉丁学名索引**	**/ 387**
中文名索引	**/ 378**		

Zygentoma 衣鱼目

Lepismatidae　　衣鱼科

复眼左右远离，无单眼；全身被鳞片；喜干燥环境，常自由生活或室内生活。

糖衣鱼 *Lepisma* sp.

蜉蝣目 Ephemeroptera

四节蜉科 / 丽翅蜉 *Alainites* sp.

蜉蝣目

Ephemeridae 蜉蝣科

体大型；复眼黑色，大而明显；翅面常具棕褐色斑纹；3根尾丝。

梧州蜉 *Ephemera wuchowensis*

蜉蝣 *Ephemera* sp.

蜉蝣目

扁蜉科　Heptageniidae

雄成虫复眼不分离，但常有两种颜色，左右相接或分开；前足短于体长；2 根尾丝。

江苏亚非蜉 *Afronurus kiangsuensis*

透明假蜉 *Iron pellucidus*

具纹亚非蜉 *Afronurus costatus*

Ephemerellidae 小蜉科

体色一般为红色或褐色；复眼上半部红色，下半部黑色；前翅翅脉较弱，翅缘纵脉间具单根缘闰脉；3 根尾丝。

刺毛亮蜉 *Teloganopsis punctisetae*

原二翅蜉 *Procloeon* sp.

原二翅蜉 *Procloeon* sp.

原二翅蜉 *Procloeon* sp.

弯握蜉 *Drunella* sp.

蜉蝣目

细裳蜉科 ━━━━━━━━━━━━━━━━━━━━━━━━━━━━━━━━━━━ Leptophlebiidae

体长一般在 10 mm 以下；雄成虫的复眼分为上下两部分，上半部分为棕红色，下半部分为黑色；3 根尾丝。

宽基蜉 *Choroterpes* sp. 　　　　　　　　　　拟细裳蜉 *Paraleptophlebia* sp.

四节蜉科 ━━━━━━━━━━━━━━━━━━━━━━━━━━━━━━━━━━━━━━ Baetidae

雄性复眼分上下两部分，上半部分呈锥状突起，橘红色或红色，下半部分为圆形，黑色；在相邻纵脉间的翅缘部具典型的 1 根或 2 根缘闰脉；后翅极小或缺如；2 根尾丝。

丽翅蜉 *Alainites* sp. 　　　　　　　　　　双翼二翅蜉 *Cloeon dipterum*

突唇蜉 *Labiobaetis* sp. 　　　　　　　　　　四节蜉 *Baetis* sp.

Odonata 蜻蜓目

色蟌科 / 透顶单脉色蟌 *Matrona basilaris*（雌）

蜻蜓目

大蜓科 — Cordulegasteridae

体大型，有些种类非常巨大；体黑色，具黄色斑纹；头部背面观两眼几乎相接触，但只有很少部分直接接触；翅透明，或具褐色斑纹；前后翅三角室形状相似。

双斑圆臀大蜓 *Anotogaster kuchenbeiseri*（雌）

蜓　科 — Aeshnidae

体大型至甚大型；头部背观两眼互相接触呈1条较长直线；前后翅三角室形状相似。

碧伟蜓 *Anax parthenope*（雄） 　　　　黑纹伟蜓 *Anax nigrofasciatus*（雄）

Gomphidae 春蜓科

体中型至大型；体黑色，具黄色花纹；两眼距离甚远；前后翅三角室形状相似。

领纹缅春蜓 *Burmagomphus collaris*（雄）

刀日春蜓 *Nihonogomphus cultratus*（雌）

环纹环尾春蜓 *Lamelligomphus ringens*（雄）

艾氏施春蜓 *Sieboldius albardae*（雄）

联纹小叶春蜓 *Gomphidia confluens*（雄）

马奇异春蜓 *Anisogomphus maacki*（雌）

蜻蜓目

秦皇岛昆虫生态图鉴

蜻　科 — Libellulidae

　　体中型；翅痣无支持脉；前后翅三角室所朝方向不同，前翅三角室与翅的横向垂直，后翅三角室与翅的横向方向相同。

异色多纹蜻 *Deielia phaon*（左雌右雄）

线痣灰蜻 *Orthetrum lineostigma*（雄）

白尾灰蜻 *Orthetrum albistylum*（雄）

| Libellulidae | 蜻　科 |

扁腹赤蜻 *Sympetrum depressiusculum*（雄） 　　　　半黄赤蜻 *Sympetrum croceolum*（雄）

竖眉赤蜻指名亚种 *Sympetrum eroticum eroticum*（雌） 　　方氏赤蜻 *Sympetrum fonscolombii*（雄）

条斑赤蜻指名亚种 *Sympetrum striolatum striolatum*（左雄右雌）

蜻蜓目

蜻 科 — Libellulidae

黑丽翅蜻 *Rhyothemis fuliginosa*（雌）

红蜻古北亚种 *Crocothemis servilia mariannae*（雄）

黄蜻 *Pantala flavescens*（雄）

玉带蜻 *Pseudothemis zonata*（雄）

Platycnemididae 扇螅科

体小型至中型；体色以黑色为主，杂有红色、黄色、蓝色斑，甚少有金属光泽；翅具2条原始结前横脉；部分种类的雄性中足及后足胫节甚为扩大，呈树叶薄片状；足具浓密且长的刚毛。

白扇螅 *Platycnemis foliacea*（雄）

黑狭扇螅 *Copera tokyoensis*（上雄下雌）

叶足扇螅 *Platycnemis phyllopoda*（上雌下雄）

蜻蜓目

色蟌科　Calopterygidae

体大型；体常具很浓的色彩和绿色的金属光泽；翅宽，有黑色、金黄色或深褐色等；翅脉很密；足长，具长刺；翅痣常不发达或缺。

透顶单脉色蟌 *Matrona basilaris*（雌）

黑暗色蟌 *Atrocalopteryx atrata*（雌）

Coenagrionidae 蟌　科

　　体小型，细长；体色非常多样化，有红色、黄色、青色等，无金属光泽，或仅局部有金属光泽；翅有柄，翅痣形状多变化，多数为菱形。

东亚异痣蟌 *Ischnura asiatica*（雌）

长叶异痣蟌 *Ischnura elegans*（雌）

蓝纹尾蟌 *Paracercion calamorum*（雄）

黑背尾蟌 *Paracercion melanotum*（雄）

襀翅目 Plecoptera

卷䗛科 / 拟卷䗛 *Paraleuctra* sp.

Perlidae ──────────────────────────────── 蜻 科

体小型至大型；体色多为浅黄色、褐色、深褐色或黑褐色；口器退化；单眼 2~3 个；触角长丝状；前胸背板多为梯形或横长方形，中纵缝明显，表面粗糙；尾须发达，丝状，多节；稚虫多生活在低海拔河流中；成虫不取食；有较强的趋光性，灯下最为常见。

新蜻 *Neoperla* sp.

钩蜻 *Kamimuria* sp.

襀翅目

黑襀科 — Capniidae

体中型；体色以黑色为主；我国分布有黑襀属、球黑襀属、同黑襀属、中黑襀属、华黑襀属等。

黑襀 *Capnia* sp.

网襀科 — Perlodidae

体小型至大型；体色为绿色、黄绿色或褐色至黑褐色；口器退化；单眼3个，常排列成等边三角形，后单眼距复眼较近；触角长丝状；前胸背板多为横长方形或梯形，中部常有黄色或黄褐色纵带，并延伸到头部；有较强的趋光性。

深褐罗襀 *Perlodinella fuliginosa*

Leuctridae ┤ 卷䗛科

　　体小型，一般不超过 10 mm；体色为浅褐色至黑褐色；头宽于前胸；单眼 3 个；前胸背板横长方形或近正方形；翅透明或半透明；静止时，翅向腹部卷曲，呈筒状；成虫多在 2 — 6 月出现，部分种类在 9 — 10 月羽化。

东方拟卷䗛 *Paraleuctra orientalis*

Nemouridae ┤ 叉䗛科

　　体小型，一般不超过 15 mm；体色通常为褐色至黑色；头略宽于前胸；单眼 3 个；前胸背板横长方形；早春时节甚至在雪地上便可发现成虫；植食性，成虫取食植物叶片或花粉。

倍叉䗛 *Amphinemura* sp.

蜚蠊目 Blattodea

姬蠊科　Blattellidae

雌雄同型；体小型，体长极少超过 15 mm；头部具较明显的单眼；前胸背板通常不透明；前、后翅发达或缩短，极少完全无翅；前翅革质，翅脉发达；后翅膜质，臀脉域呈折叠的扇形；中、后足股节腹面具或缺刺。

中华拟歪尾蠊 *Episymploce sinensis*

地鳖科　Corydiidae

体密被微毛；头部近球形，头顶通常不露出前胸背板；唇部强隆起，与颜面形成明显的界限；前、后翅一般较发达，但有时雌性完全无翅；后翅臀域非扇状折叠；中后足腿节腹缘缺刺；爪对称。

中华真地鳖 *Eupolyphaga sinensis*（左雄右雌）

Mantodea 螳螂目

螳科 / 中华刀螳 *Paratenodera sinensis*

于文江 摄

螳螂目

螳　科　　　　　　　　　　　　　　　　　　　　　　　　　　　　Mantidae

不同种类间体态变化较大；头顶通常无粗大的锥状突起；如头顶锥状突起较大，则两复眼旁各有1个小的突起；前胸背板侧缘通常具不明显扩展；前胸背板如有明显扩展，则前足腿节第一刺和第二刺之间具凹窝；雌雄两性不同时为短翅类型。

中华刀螳 *Paratenodera sinensis*

薄翅螳 *Mantis religiosa*

| Mantidae | 螳 科 |

棕静螳 *Statilia maculata*

广斧螳 *Hierodula patellifera*

䗛 目 Phasmatodea

䗛 科 — Phasmatidae

体小型至非常大型；体通常细长；触角分节明显；触角短于或长于前足腿节，但不与体长相等；有翅或无翅。

短肛䗛 *Ramulus* sp.

Orthoptera 直翅目

螽斯科／掩耳螽 *Elimaea* sp.

直翅目

螽斯科 — Tettigoniidae

体小型至大型；体较粗壮；头通常为下口式；触角较为细长，着生于复眼之间；前翅和后翅发达或退化，雄虫前翅具有发生器；雌虫产卵瓣为剑形。

中华寰螽 *Atlanticus sinensis*

掩耳螽 *Elimaea* sp.

Tettigoniidae 螽斯科

镰尾露螽 *Phaneroptera (Phaneroptera) falcata*

黑膝大蛩螽 *Megaconema geniculata*

直翅目

螽斯科 —————————————————————————————— Tettigoniidae

初姬螽 *Cguzuella bonneti*

普通条螽 *Ducetia japonica*

铃木库螽 *Kuzicus suzukii*

Gryllidae ▸ 蟋蟀科

体大小不等，大的可达 40 mm；头大而圆；雄虫前翅具镜膜或退化成鳞片状；产卵瓣一般较长，矛状。

大棺头蟋 *Loxoblemmus doenizi*

亮褐异针蟋 *Pteronemobius (Pteronemobius) nitidus*

黄脸油葫芦 *Teleogryllus emmc*

斑腿双针蟋 *Dianemobius fasc pes*

直翅目

蟋蟀科 — Gryllidae

长瓣树蟋 *Oecanthus longicauda*

中华斗蟋 *Velarifictorus micado*

蝼蛄科 — Gryllotalpidae

个体大，体长 10 mm 以上；触角比体短；前足开掘式；后足腿节不发达，不能跳跃；前翅短，后翅长，伸出腹末呈尾状；尾须长；生活于地下；多食性，取食根、种子、芽等。

东方蝼蛄 *Gryllotalpa orientalis*

蝗 科   Acrididae

体中型到大型；触角较短，不超过体长，多为丝状，少数为剑状或棒状；翅发达、缩短或退化，部分种类存在雌雄二型；跗节 3 节；后足股节外侧具羽状隆线；许多种类中雄虫可利用后足与翅摩擦发声。

褐色型成虫 　　　若虫

中华剑角蝗 *Acrida cinerea*

云斑车蝗 *Gastrimargus marmoratus* 　　　黄胫小车蝗 *Oedaleus infernalis*

蒙古束颈蝗 *Sphingonotus mongolicus* 　　　疣蝗 *Trilophidia annulata*

直翅目

蝗 科 — Acrididae

素色异爪蝗 *Euchorthippus unicolor*

鸣蝗 *Mongolotettix* sp.

黑翅雏蝗 *Megaulacobothrus* sp.（左雄右雌）

Acrididae ┤ 蝗　科

雏蝗 *Chorthippus* sp.

长翅素木蝗 *Shirakiacris shiraki*

短星翅蝗 *Calliptamus abbreviatus*

短角外斑腿蝗 *Xenocatantops brachycerus*

棉蝗 *Chondracris rosea*

直翅目

蝗　科　| Acrididae

稻蝗　*Oxya* sp.

癞蝗科 | Pamphagidae

体中型至大型；体表具粗糙颗粒状突起；头较短；触角丝状；前胸背板中隆线呈片状隆起或被横沟切割成齿状；前后翅均发达、缩短或缺少；后足腿节外侧具短棒状或颗粒状突起。

笨蝗　*Haplotropis* sp.

Pyrgomorphidae 锥头蝗科

体小型至中型；头部圆锥形，颜面向后倾斜；颜面隆起具细纵沟；头顶向前突出较长，顶端中央具细纵沟，头侧窝不明显或缺；前胸背板具颗粒状突起；前翅、后翅发达；后足腿节外侧中区具不规则的短棒状隆线或颗粒状突起，鼓膜器发达；缺摩擦板。

短额负蝗 *Atractomorpha sinensis*

直翅目

蚤蝼科　　　　　　　　　　　　　　　　　　　　　　　　　Tridactylidae

　　体小型，体长10 mm以下；触角念珠状，短于身体；前足适于掘土，后足跳跃式；多生活于近水地面，善跳跃，能在水中游泳。

日本蚤蝼　*Xya japonica*

Dermaptera 革翅目

球蝨科／山球蝨 *Oreasiobia* sp.

革翅目

球螋科 — Forficulidae

触角 12~16 节；翅发达，极少完全无翅；跗节第二节扩宽并扁平，心形；尾铗对称，但个体间略有变异。

球螋 *Forficula* sp.

球螋 *Forficula* sp.

球螋 *Forficula* sp.

球螋 *Forficula* sp.

山球螋 *Oreasiobia* sp.

Forficulidae 球蝨科

日本张球蝨 *Anechura japonica*

乔球蝨 *Timomenus* sp.

异蝨 *Allodahlia* sp.

异蝨 *Allodahlia scabriuscula*（上雌下雄）

革翅目

肥螋科 ———————————————————— Anisolabididae

体通常不十分扁平；头长大于宽；触角25节以下；大部分种类完全无翅，极少具翅；腿节不侧扁；第二跗节正常，不延伸至第三跗节的下方；尾铗对称或不对称。

缘殖肥螋 *Gonolabis marginalis*

蠼螋科 ———————————— Labiduridae

体通常不十分扁平；头长大于宽；触角25节以上；大部分种类具翅，极少无翅；腿节不侧扁；第二跗节延伸至第三跗节的下方；尾铗对称或不对称。

蠼螋 *Labidura riparia*

大尾螋科 ———————————— Pygidicranidae

头部扁平，后缘不内凹；触角节较粗短，第四节至第六节长不大于宽，前翅臀角圆形，翅盾片外露；腿节通常侧扁。

巨瘤螋 *Challia gigantia*

Psocodea 啮虫目

Caeciliusidae 单啮科

体中型；触角 13 节，线状，或鞭节第一、二节膨大；单眼 3 个或无；长翅、短翅或无翅；翅痣发达；生活在树上或枯枝落叶中；有趋光性。

梵啮 *Valenzuela* sp.

Dasydemellidae 离啮科

体型小型到中型；触角线状；长翅，翅痣发达，翅痣后没有横脉；前翅翅脉具双列毛，翅基部膜质部具毛。

离啮 *Dasydemella* sp.

半翅目 Hemiptera

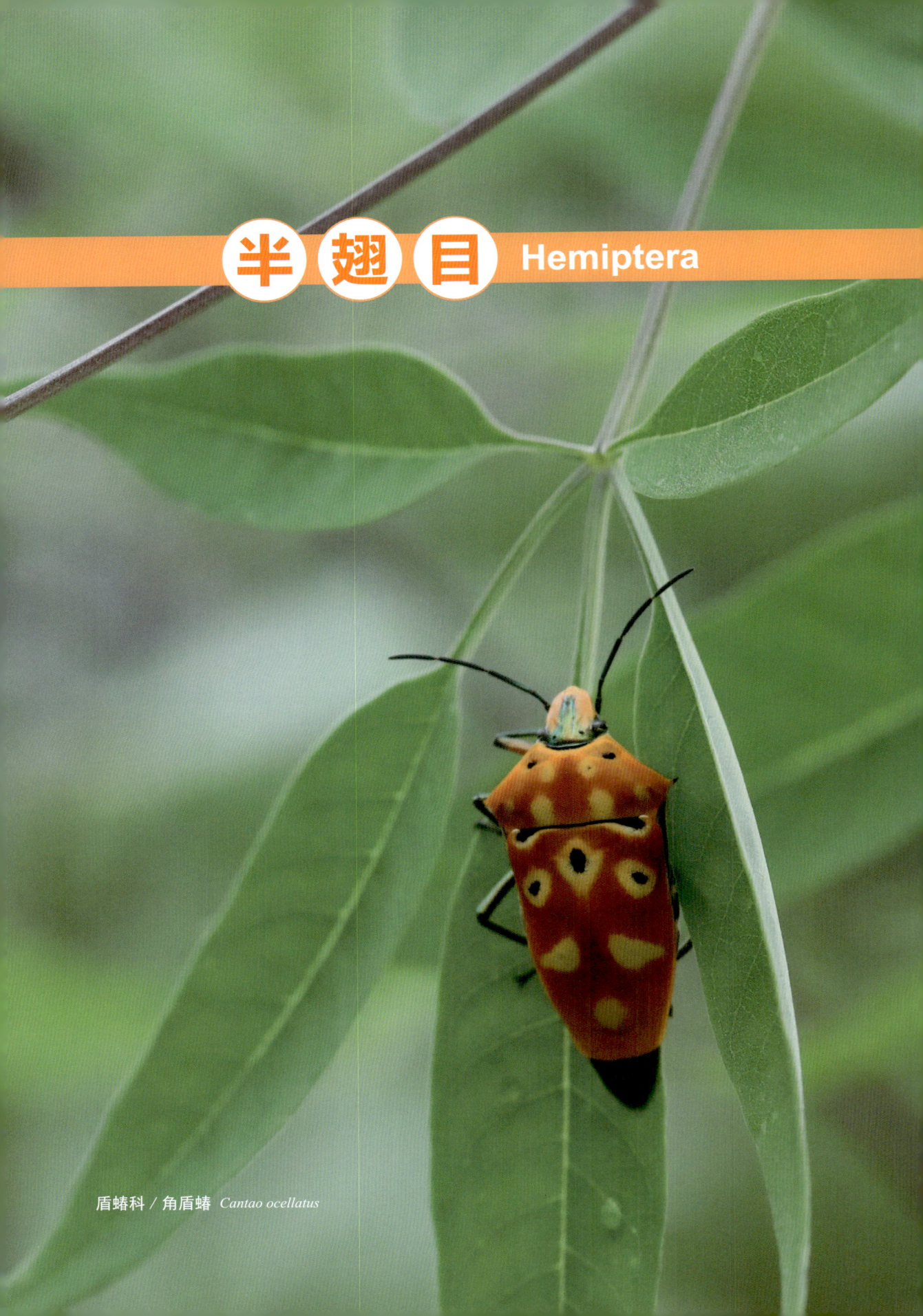

盾蝽科／角盾蝽 *Cantao ocellatus*

蚜 科
Aphididae

部分种类孤雌生殖，胎生；部分种类两性生殖，卵生；前翅有4个斜脉；触角4~6节，如为3节，则尾片烧瓶状；头胸部之和大于腹部；尾片形状多样，腹管有或无。

日桦绵斑蚜 *Euceraphis betulijaponicae*（左性母，右有翅孤雌蚜）

大蚜 *Cinara* sp.

白皮松长足大蚜 *Cinara bungeanae*

板栗大蚜 *Lachnus tropicalis*

半翅目

蚜 科 — Aphididae

夏至草隐瘤蚜 *Cryptomyzus taoi*

红花指管蚜 *Uroleucon gobonis*

绣线菊蚜 *Aphis citricola*（无翅胎生雌蚜）

桃蚜 *Myzus persicae*（无翅胎生雌蚜）

桃粉蚜 *Hyalopterus arundimis*（左无翅胎生雌蚜，右有翅胎生雌蚜）

Phylloxeridae 根瘤蚜科

体卵形，长 1.2~1.5 mm；黄至黄褐色；触角及足黑褐色；触角第三节端部有感觉孔 1 个，刺毛 2 根，跗节 2 节。

梨黄粉蚜 *Aphanostigma jakusuiense*

Pemphigidae 瘿绵蚜科

体窄，椭圆形，长 2.0~2.2 mm（有翅干雌蚜）；胸、头、附肢黑色，腹部褐色。

苹果绵蚜 *Eriosoma lanigerum*（无翅胎生雌蚜）

半翅目

木虱科 — Psyllidae

前翅前缘有断痕；有翅痣；翅脉呈两叉分支；后足胫节通常有基齿。

红松喀木虱 *Cacopsylla haimatsucola*

喀木虱 *Cacopsylla* sp.

喀木虱 *Cacopsylla* sp.

喀木虱 *Cacopsylla* sp.

喀木虱 *Cacopsylla* sp.

喀木虱 *Cacopsylla* sp.

Psyllidae 木虱科

梧桐木虱 *Thysanogyna limbata*

Delphacidae 飞虱科

体小型，多灰白色或褐色；头短小，少数延长；胸部短，一般具中脊线和侧脊线；前胸常领状，中胸三角形；分长翅型和短翅型；前翅通常无前缘室，爪片无颗粒；后足胫节两大刺，端部有一活动的大距。

灰飞虱 *Laodelphax striatella*

大斑飞虱 *Euides speciosa*

半翅目

旌蚧科　Ortheziidae

　　体小型，一类生活在落叶层中，可能以苔藓和地衣为食，另一类常见于维管植物的茎杆或叶片上吸食汁液；触角 3~8 节；足细长；雌虫分泌白色蜡质结成紧密的蜡片，由蜡片组成的卵囊紧附在虫体的末端，卵囊通常比虫体长，当雌成虫移动时卵囊升起，形似掮的旌旗，因此而得名。

旌蚧　*Orthezia* sp.

绵蚧科　Monophlebidae

　　体多为大型；雄虫具有复眼，触角 10 节且多毛，前翅黑色或深灰色，后翅退化为平衡棒，腹末具有阳茎鞘，腹部外侧有时具有尾突；雌虫表皮柔软膜质，触角 7~11 节，具有发达的口器，裸露或被大量蜡质，产卵时腹末分泌卵囊。

草履蚧　*Drosicha corpulenta*

Pseudococcidae — 粉蚧科

雌虫体通常呈椭圆形，体长 0.5~5 mm，体柔软，表皮膜质，被薄蜡粉，体缘常有放射状蜡丝；触角通常 6~9 节，也有多至 11 节或 3 节以下呈瘤突状；下唇 1~4 节；足发达；体缘常具刺孔群，背孔和腹脐存在；雄虫具翅；触角 9~10 节；眼通常 3 对；前翅发达，后翅退化为平衡棒；腹末分泌 2 束长蜡丝。

白蜡绵粉蚧 *Phenacoccus fraxinus*

Eriococcidae — 毡蚧科

雌成虫椭圆形，常躲藏于白色毡囊内取食和产卵，或呈长形寄生于叶鞘和树皮下，或呈球形寄生于根部土中，或呈虫瘿；触角 6~7 节，少数退化至 1~2 节或多至 8 节，触角前具额突；足发达，有的退化或全缺。

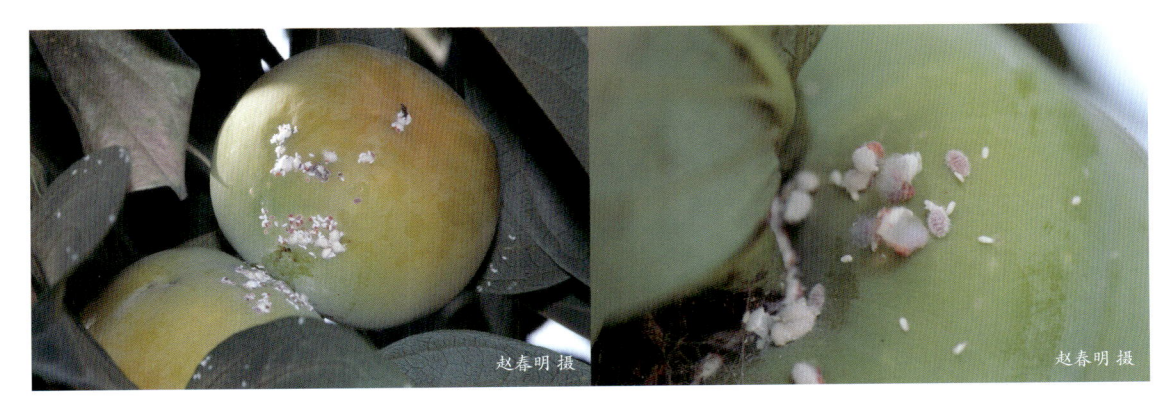

柿树白毡蚧 *Asiacornococcus kaki*

半翅目

蜡蚧科　Coccidae

雌虫体长卵形、卵形；雌虫体扁平或隆起呈半球形或圆球形；雌虫体壁有弹性或坚硬，光滑，裸露，或被有蜡质、虫胶等分泌物；雌虫体分节不明显；雌虫触角通常 6~8 节；雌虫足短小；雄虫触角 10 节；雄虫单眼 4~10 个，一般为 6 个；雄虫腹部末端有 2 个长蜡丝；寄生于乔木、灌木和草本植物上。

日本龟蜡蚧 *Ceroplastes japonicas*

朝鲜球坚蚧 *Didesmococcus koreanus*

盾蚧科　Diaspididae

因圆形介壳很似"盾牌"而得名；雌虫盾壳由蜡液凝成片状，雄虫盾壳由蜡粉结成长筒状，有纵沟；有些种雌雄相同。

桑盾蚧 *Pseudaulacaspis pentagona*（雌）

受精越冬雌蚧

Cicadellidae

半翅目

叶蝉科

小眼叶蝉 *Xestocephalus* sp.

雅小叶蝉 *Eurhadina* sp.

窄头叶蝉 *Batracomorphus* sp.

大青叶蝉 *Cicadella viridis*

中华乌叶蝉 *Penthimia sinensis*

半翅目

叶蝉科 — Cicadellidae

棕胸短头叶蝉 *Iassus dorsalis*

宽槽胫叶蝉 *Drabescus ogumae*

片角叶蝉 *Idiocerus* sp.

纵条片头叶蝉 *Petalocephala engelhardti*

阔颈叶蝉 *Drabescoides nuchalis*

Membracidae 角蝉科

体小型至中型，体长 2~20 mm；形状奇特，一般黑色或褐色，少数色彩艳丽；头顶通常向上突起；复眼大，突出；单眼 2 个，位于复眼之间；触角短，鬃状；前胸背板特别发达，向后延伸形成后突起，盖住小盾片，腹部一部分或全部常有背突、前突或侧突；若虫背上常长满刺，分泌蜜露，常有蚂蚁共生。

苹果红脊角蝉 *Machaerotypus mali*

背峰锯角蝉 *Pantaleon dorsalis*

西伯利亚脊角蝉 *Machaerotypus sibiricus*

三刺角蝉 *Tricentrus* sp.

半翅目

袖蜡蝉科　　　　　　　　　　　　　　　　　　　　　　　　　　　　Derbidae

体小型至中型；体柔软；头通常小且极狭窄，比前胸背板狭窄；没有突出呈明显的头部突起；复眼很大，占头部很大部分，但有的也极度退化；侧单眼突出，位于头的侧区、复眼的前方；触角小，柄节圆柱形；胸部通常狭窄；前胸背板一般短；中胸盾片较大，无明显的脊线；足细，常很长；前翅大小中间差异很大，很多为长翅型，有的前翅超过腹部，有的甚至长过腹部数倍；后翅有的和前翅一样大，但多数退化并且脉纹简单；腹部通常较小。

红袖蜡蝉 *Diostrombus politus*

湖北长袖蜡蝉 *Zoraida hubeiensis*

北京堪袖蜡蝉 *Kamendaka beijingensis*

黑带寡室袖蜡蝉 *Vekunta nigrolineata*

Fulgoridae 蜡蝉科

体中型至大型；体色艳丽而奇特；头顶多圆形，有些种类有大型头突，直或弯曲；胸部大，前胸背板横形，前缘极度突出，达到或超过复眼后缘；中胸盾片三角形；前后翅发达，膜质，翅脉呈网状；后足胫节多刺。

末龄若虫

脱壳

斑衣蜡蝉 *Lycorma delicatula*

脊菱蜡蝉 *Reptalus* sp.

菱蜡蝉 *Cixius* sp.

半翅目

蜡蝉科 — Fulgoridae

东北丽蜡蝉 *Limois kikuchii*

中华冠脊菱蜡蝉 *Oecleopsis sinicus*

四带脊菱蜡蝉 *Reptalus quadricinctus*

Dictyopharidae 象蜡蝉科

体多为中型；头多明显延长呈锥状或圆柱状；复眼圆球形；触角小；单眼2个，位于复眼前方或下方；无中单眼；中胸盾片三角形，少有菱形；前翅狭长，有明显翅痣，端部脉纹网状；后翅大或小，短翅型种类没有后翅；足细长，有些种类前足腿节和胫节宽扁，呈叶状；大多数种类成虫和若虫都喜欢生活在潮湿的草地和灌丛中；植食性，多吸食草本植物汁液。

伯瑞象蜡蝉 *Raivuna patruelis*

月纹象蜡蝉 *Orthopagus lunulifer*

Achilidae 颖蜡蝉科

红痣德颖蜡蝉 *Deferunda rubrostigma*

体中型；体扁平；休息时前翅后半部分左右互相重叠；头通常较小，狭而短，一般不及胸部宽度的1/2；复眼通常较大；触角小；成对的侧单眼位于头的侧区、复眼的前方；中胸背板大或很大，菱形，有3条脊线，前缘强度向前突出；前翅通常很宽大，基部2/3明显加厚，与端部1/3明显不同。

半翅目

广翅蜡蝉科　　　　　　　　　　　　　　　　　　　　　　　　　　Ricaniidae

体中型至大型；外观似蛾子，静止的时候，翅呈屋脊状覆盖在身体上；头宽，与前胸背板等宽或相近；前胸背板短，具中脊线；中胸背板很大，隆起，有3条脊线；前翅宽大，三角形，前缘和后缘几乎等长，前缘多横脉，但不分叉；后翅小，翅脉简单。

八点广翅蜡蝉 *Ricania speculum*

透翅疏广翅蜡蝉 *Eurocania clara*

Cicadidae 蝉科

体中型至大型，有些种类体长超过 50 mm；触角短，刚毛状，自头前方伸出；单眼 3 个，呈三角形排列；前后翅均为膜翅，常透明，翅脉发达；后翅小；翅合拢时屋脊状放置；前足腿节发达，常具齿或刺；跗节 3 节；雄虫第一、二节具发音器；雌虫第一腹节腹面有发达的听器；雌虫产卵器发达；成虫生活于植物的地上部分，产卵于嫩枝内；若虫于地下生活，吸食植物根部汁液；雄虫具有极强的发音能力，鸣声通常很大。

蟪蛄 *Platypleura kaempferi*

松村细蝉 *Leptosemia takanonis*

斑透翅蝉 *Hyalessa maculaticollis*

半翅目

蝉 科 — Cicadidae

雅氏指蝉 *Kosemia yamashitai*

蚱蝉 *Cryptotympana atrata*

东北指蝉 *Kosemia admirabilis*

Gerridae 黾蝽科

体小型至大型；除少数种类外，全身覆盖白微毛组成的拒水毛；前足粗短变形，具抱握作用；中后足极细长，向侧方伸开；腿节与胫节几乎等长；各足跗节均为2节；前翅翅室2~4个，翅的多型现象普遍；几乎终生生活在水面，包括静水、激流、海边沿岸等。

巨涧黾 *Potamometra* sp.

黾蝽 *Gerris* sp.

圆臀大黾蝽 *Aquarius paludum*

半翅目

蝎蝽科 — Nepidae

体较大型，体长 15~45 mm；身体长筒形；头部平伸；前胸背板可强烈延长；前翅膜片具大量翅室，不很规则；前足捕捉式，中后足细长，适于步行；各足跗节均为 1 节；第八腹节背板变形，成为 1 对丝状构造，合并成 1 个长管，伸出于腹后，并接触水面，为呼吸管；生活于静水水体，不善游泳；捕食各种小型水生动物。

日壮蝎蝽 *Laccotrephes japonensis*

中华螳蝎蝽 *Ranatra chinensis*

半翅目

Belostomatidae 负子蝽科

体中型至极大型，最大种类的体长可达 110 mm；卵圆形，身体较扁平；触角前 3 节一侧具叶状突起，略成鳃叶状；小盾片较大；前翅整体具不规则网状纹，膜片脉序也呈网状；前足捕捉式；多生活于静水中，常停留在水草上静候猎物；有较强的趋光性。

日拟负蝽 *Appasus japonicus*

半翅目

猎蝽科   Reduviidae

  体小型至大型，体型多种多样；头部常在眼后变细，伸长；多有单眼；喙多为3节，短粗，弯曲或直；捕食性，以各种节肢动物为主要食物。

独环瑞猎蝽 *Rhynocoris altaicus*

异赤猎蝽 *Haematoloecha limbata*

红缘瑞猎蝽 *Rhynocoris leucospilus rubromarginatus*

Reduviidae 猎蝽科

亮钳猎蝽 *Labidocoris pectoralis*

污黑盗猎蝽 *Peirates turpis*

茶褐盗猎蝽 *Peirates fulvescens*

黑腹猎蝽 *Reduvius fasciatus*

黑光猎蝽 *Ectrychotes andreae*

半翅目

猎蝽科 — Reduviidae

中国螳瘤蝽 *Cnizocoris sinensis*

短斑普猎蝽 *Oncocephalus simillimus*

褐菱猎蝽 *Isyndus obscurus*（上雌下雄）

二节蚊猎蝽 *Empicoris* sp.

Reduviidae | 猎蝽科

环斑猛猎蝽 *Sphedanolestes impressicollis*

淡带荆猎蝽 *Acanthaspis cincticrus*

双刺胸猎蝽 *Pygolampis bidentata*

疣突素猎蝽 *Epidaus tuberosus*

土猎蝽 *Coranus* sp.

半翅目

盲蝽科 Miridae

体小型至中型，体型多样；体较柔弱；头部或多或少下倾或垂直；除个别种类外，均无单眼；生活在植物上，活泼，善飞翔；喜吸食植物的花瓣、子房和幼果等。

法氏木盲蝽 *Castanopsides falkovitshi*

斯氏后丽盲蝽 *Apolygus spinolae*

波氏木盲蝽 *Castanopsides potanini*

钩角盲蝽 *Harpocera* sp.

Miridae 盲蝽科

斑异盲蝽 *Polymerus unifasciatus*

红楔异盲蝽 *Polymerus cognatus*

北京异盲蝽 *Polymerus pekinensis*

艾黑直头盲蝽 *Orthocephalus funestus*

纹翅盲蝽 *Mermitelocerus annulipes*

半翅目

盲蝽科 — Miridae

眼斑厚盲蝽 *Eurystylus coelestialium*

厚盲蝽 *Eurystylus* sp.

龙江斜唇盲蝽 *Plagiognathus amurensis*

高句丽合垫盲蝽 *Orthotylus kogurjonicus*

杂毛合垫盲蝽 *Orthotylus flavosparsus*

Miridae 盲蝽科

狭盲蝽 *Stenodema* sp.

狭盲蝽 *Stenodema* sp.

条赤须盲蝽 *Trigonotylus coelestialium*

角额盲蝽 *Acrorrhinium* sp.

翘角延额盲蝽 *Pantilius gonoceroides*

半翅目

盲蝽科 | Miridae

三点苜蓿盲蝽 *Adelphococris fasciaticollis*

棕苜蓿盲蝽 *Adelphocoris rufescens*

淡须苜蓿盲蝽 *Adelphocoris reicheli*

苜蓿盲蝽 *Adelphocoris* sp.

苜蓿盲蝽 *Adelphocoris* sp.

Miridae | 盲蝽科

黑头苜蓿盲蝽 *Adelphocoris melanocephalus*

中黑苜蓿盲蝽 *Adelphocoris suturalis*

黑唇苜蓿盲蝽 *Adelphocoris nigritylus*

黑苜蓿盲蝽 *Adelphocoris tenebrosus*

半翅目

盲蝽科 | Miridae

东方齿爪盲蝽 *Deraeocoris pulchellus*

黄头阔盲蝽 *Strongylocoris leucocephalus*

暗乌毛盲蝽 *Cheilocapsus nigrescens*

甘薯跃盲蝽 *Ectmetopterus micantulus*

束盲蝽 *Pilophorus* sp.

Lygaeidae 长蝽科

宽大眼长蝽 *Geocoris varius*

山地浅缢长蝽 *Stigmatonotum rufipes*

小长蝽 *Nysius* sp.

大眼长蝽 *Geocoris pallidipennis*

半翅目

长蝽科　Lygaeidae

斑红长蝽 *Lygaeus teraphoides*

角红长蝽 *Lygaeus hanseni*

红褐肥螋长蝽 *Arocatus rufipes*

红脊长蝽 *Tropidothorax sinensis*

韦肿螋长蝽 *Arocatus melanostoma*

Lygaeidae 长蝽科

褐色钝角长蝽 *Prosomoeus brunneus*

白边刺胫长蝽 *Horridipamera lateralis*

长须梭长蝽 *Pachygrontha antennata*

褐斑点烈长蝽 *Paradieuches dissimilis*

长喙蒴长蝽 *Pylorgus porrectus*

半翅目

网蝽科　　　　　　　　　　　　　　　　　　　　　　　　　　　　Tingidae

体小型至中型；体扁平，有相对较宽的前翅；头相对较小；无单眼；触角4节，第一、二节较短，第三节长，第四节呈纺锤形；前胸背板后端向后形成三角形，并延伸遮盖中胸小盾片，两侧形成"侧叶"，中央前方形成"头兜"；前翅全部形成革质，坚硬，外侧宽大平展；前胸背板和前翅密布网格状花纹，容易辨认；无鲜艳的体色；多栖息于植物叶片的反面，也有的生活在树皮缝隙、苔藓层下；均为植食性。

悬铃木方翅网蝽　*Corythucha ciliata*

Pyrrhocoridae 红蝽科

体中型至大型；体椭圆形；体多为鲜红色，并有黑斑；头部平伸；触角4节，着生于头侧面中线下方；无单眼；前胸背板具扁薄而且上卷的侧边；前翅膜片具多条纵脉，可具分支，或形成不规则网状，基部形成2~3个翅室；产卵器退化；植食性，生活于植株上，或在地表爬行；主要寄主于锦葵科或其近缘科，取食果实或种子。

先地红蝽 *Pyrrhocoris sibiricus*

曲缘红蝽 *Pyrrhocoris sinuaticollis*

Alydidae 蛛缘蝽科

体中型，多狭长；头平伸，向前渐狭；小颊短，不超出触角着生处；具单眼；触角细长，第一节不短缩；前翅膜片翅脉多；后胸侧板臭腺沟缘明显；腹部第5~7腹板毛点近侧缘，第3~4腹板毛点近中央。

点蜂缘蝽 *Riptortus pedestris*

黑长缘蝽 *Megalotomus junceus*

半翅目

缘蝽科　　　　　　　　　　　　　　　　　　　　　　　Coreidae

　　体中型至大型，大型种类身体坚实；体型多样，多为椭圆形；头常短小，唇基向下倾斜，或与头部背面垂直；相当种类的触角节与足有扩展的叶状突起；前胸背板侧方常有各式叶状突起；后足胫节有时膨大，或具齿列，后足胫节有时弯曲；全部为植食性，栖息于植物上，喜吸食植物营养器官；常分泌强烈的臭味。

瘤缘蝽 *Acanthocoris scaber*

广腹同缘蝽 *Homoeocerus dilatatus*

西部喙缘蝽 *Leptoglossus occidentalis*

环胫黑缘蝽 *Hygia lativentris*

Coreidae 缘蝽科

斑背安缘蝽 *Anoplocnemis binotata*

尖角原缘蝽 *Coreus spinigerus*

波原缘蝽 *Coreus potanini*

波赭缘蝽 *Ochrochira potanini*

半翅目

缘蝽科 — Coreidae

二色普缘蝽 *Plinachtus bicoloripes*

Coreidae 缘蝽科

宽棘缘蝽 *Cletus schmidti*

稻棘缘蝽 *Cletus punctiger*

开环缘蝽 *Stictopleurus minutus*

粟缘蝽 *Liorhyssus hyalinus*

半翅目

姬缘蝽科 ▸ ◂ Rhopalidae

体小型至中型；体椭圆形；体灰暗，少数鲜红色；外貌似长蝽科或红蝽科的部分种类；单眼着生处隆起，但两单眼并不靠近；触角第一节较短，短于头的长度；生活于植物上，尤以低矮植物为多；植食性，以植物营养器官、种子和花为食。

黄伊缘蝽 *Rhopalus maculatus*

点伊缘蝽 *Rhopalus latus*

短头姬缘蝽 *Brachycarenus tigrinus*

Urostylididae 异蝽科

绝大多数为中型种类；体椭圆形，常较扁平；相对蝽总科其他类群身体显得较弱；足和触角相对比较细长；底色多为绿色或褐色；头较短小；单眼多互相靠近；触角 5 节，少数 4 节，第一节很长；前胸背板梯形；小盾片三角形，一般不超过前翅长度的 1/2；膜片具 6~8 根纵脉，平行且简单，臭腺发达，可发出强烈的臭气；雄虫生殖器大，开口处常有较复杂的突起等结构，非常明显，故亦称"异尾蝽"；植食性；栖息于乔木之上，喜静伏于叶面背后；两触角相互靠近，向前直伸。

短壮异蝽 *Urochela falloui*

红足壮异蝽 *Urochela quadrinotata*

华异蝽 *Tessaromerus sp.*

环斑娇异蝽 *Urostylis annulicornis*

半翅目

同蝽科　Acanthosomatidae

体多数为中型；体椭圆形，绿色或褐色，常带有红色等鲜艳的斑纹；头向前平伸，渐狭，略呈三角形；触角5节；前胸背板侧角常强烈伸长呈尖刺状；中胸小盾片三角形，不长于前翅长度的50%；栖息于灌木或乔木上，喜食果实；许多种类雌性有保护卵块和初孵幼虫免受天敌侵害的行为。

黑背同蝽 *Acanthosoma nigrodorsum*

宽铗同蝽 *Acanthosoma labiduroides*（左雌右雄）

Acanthosomatidae 同蝽科

泛刺同蝽 *Acanthosoma spinicolle*

细齿同蝽 *Acanthosoma denticaudum*

直同蝽 *Elasmostethus* sp.

棕角匙同蝽 *Elasmucha angulare*

背匙同蝽 *Elasmucha dorsalis*

绿板同蝽 *Lindbergicoris hochii*

半翅目

土蝽科　　　　　　　　　　　　　　　　　　　　　　　　　　　　Cydnidae

体小型至中型；体色以黑色为主，也有褐色或黑褐色的种类，个别有白色或蓝白色花斑；体厚实，略隆起，体壁坚硬，常具光泽；头平伸或前倾，常短宽，背面较平坦，前缘多呈圆弧形；触角多为5节，少数4节，较粗短；各足跗节3节，胫节粗扁，或变成勺状、钩状等；栖息于地表或地被物下，或土壤表层、土缝之中；吸食植物根部或茎部的汁液；有些种类有成虫护卵和若虫聚集的习性；部分种类有趋光性。

圆阿土蝽 *Adomerus rotundus*

黑环土蝽 *Microporus nigrita*

半翅目

Plataspidae 龟蝽科

体小型至中小型；体短宽，后缘多少平截；楔形或倒卵圆形，略呈龟状或豆粒状；体为黑色并具光泽，部分种类为黄色，并带有斑纹；触角5节，第二节甚为短小，第一节常不可见；中胸小盾片极度发达，遮盖整个腹部及前翅的大部，与腹端取齐；前翅在静止时全部隐于小盾片之下；足较短，各足跗节2节；多栖息于植物枝条上，常集小群；臭腺发达，可发出强烈的臭气。

筛豆龟蝽 *Megacopta cribraria*

双痣圆龟蝽 *Coptosoma biguttulum*

双峰豆龟蝽 *Megacopta bituminata*

半翅目

盾蝽科 — Scutelleridae

多数种类具鲜艳色彩和花斑；背强烈圆隆，卵圆形；头多短宽；触角 4 节或 5 节；中胸小盾片极发达，遮盖整个腹部和前翅绝大部分；各足跗节 3 节；臭腺发达，可发出强烈的臭气；植食性，喜吸食果实。

金绿宽盾蝽 *Poecilocoris lewisi*

扁盾蝽 *Eurygaster testudinaria*

角盾蝽 *Cantao ocella us*

Pentatomidae 蝽 科

体小型至大型；体多为椭圆形，背面一般较平，体色多样；触角5节，有时第二、三节之间不能活动，极少数4节；有单眼；前胸背板常为六角形，中胸小盾片多为三角形，约相当于前翅长度的1/2；各足跗节3节；大多植食性，喜吸食果实或种子，也可吸食植物的汁液；益蝽亚科Asopinae的种类为捕食性，口器较粗壮。

褐莽蝽 *Placosternum esakii*

角雷蝽 *Rhacognathus corniger*

半翅目

蝽 科 — Pentatomidae

华麦蝽 *Aelia fieberi*

紫蓝曼蝽 *Menida violacea*

广二星蝽 *Eysarcoris ventralis*

北曼蝽 *Menida disjecta*

Pentatomicae 蝽科

弯角蝽 *Lelia decempunctata*

朝鲜蠋蝽 *Arma koreana*

珀蝽 *Plautia crossota*

庐山珀蝽 *Plautia lushanica*

川甘碧蝽 *Palomena chapana*

半翅目

蝽　科　　　　　　　　　　　　　　　　　　　　　　　　Pentatomidae

红足真蝽 *Pentatoma rufipes*

菜蝽 *Eurydema dominulus*

横纹菜蝽 *Eurydema gebleri*

真蝽 *Pentatoma* sp.

褐真蝽 *Pentatoma semiannulata*

Pentatomidae | 蝽 科

赤条蝽 *Graphosoma rubrolineatum*

圆颊珠蝽 *Rubiconia peltata*

珠蝽 *Rubiconia intermedia*

辉蝽 *Carbula humerigera*

半翅目

蝽 科 — Pentatomidae

全蝽 *Homalogonia obtusa*

灰全蝽 *Homalogonia grisea*

多毛实蝽 *Antheminia varicornis*

茶翅蝽 *Halyomorpha halys*

Pentatomidae 　　　　　　　　　　　　　　　　　　　　　　　　　　　　　蝽　科

俊蝽　*Acrocorisellus serraticollis*

蓝蝽　*Zicrona caerulea*

浩蝽　*Okeanos quelpartensis*

益蝽　*Picromerus lewisi*

半翅目

蝽科 | Pentatomidae

谷蝽 *Gonopsis affinis*

斑须蝽 *Dolycoris baccarum*

荔蝽科 | Tessaratomidae

体大型，外形与蝽科相似；体褐色、紫褐色或黄褐色，有些具金属光泽，头小型；触角 4~5 节，第三节短小，中国种类多数 4 节；触角着生处位于头的下方，从背部不可见；喙较短，不超过前足基节；各足跗节 2 节或 3 节；臭腺发达，可发出强烈的臭气；生活于乔木上，吸食果实和嫩梢。

硕蝽 *Eurostus validus*

Neuroptera 脉翅目

螳蛉科 / 汉优螳蛉 *Eumantispa harmandi*

脉翅目

螳蛉科 — Mantispidae

体中型至大型，很像小型的螳螂；前胸很长，数倍于宽；前足捕捉式，基节亦而长，腿节粗大；翅两对相似，翅痣长而特殊。

斯提利亚螳蛉 *Mantispa styriaca*

汉优螳蛉 *Eumantispa harmandi*

秋水筒脉螳蛉 *Necyla shuizui*

Hemerobiidae 褐蛉科

体小型至中型，翅展在 7~15 mm，最大可达 34 mm；体翅黄褐色，翅多具褐色斑纹；触角长过翅的 1/2，或者约等于翅长，念珠状；前胸短阔，两侧多有叶突；中胸粗大，小盾片大；后胸小盾片小；足细长，基节长，胫节有小距，跗节 5 节；翅形多样，卵形或狭长；翅缘各脉之间有短小缘饰，脉上有大毛。

齐褐蛉 *Wesmaelius* sp.

日本褐蛉 *Hemerobius japonicus*

钩翅褐蛉 *Drepanepteryx phalaenoides*

脉翅目

草蛉科 | Chrysopidae

体中型至大型；身体和翅脉多为绿色，少数种类除外；复眼呈半球形，突出于头两侧，具金属光泽；触角细长多节，线状，比翅长稍短或较长；口器上颚发达；头部多具黑斑；前胸梯形或矩形；中后胸粗大；足细长；翅宽大而透明，后翅较窄；翅缘各脉之间无短小缘饰；卵常具细长的丝柄；幼虫称为"蚜狮"，有些种类可以把吸食之后的蚜虫等空壳粘贴在背上作伪装，古书称为"蛣蜣"。

黑脉意草蛉 *Italochrysa nigrovenosa*

丽草蛉 *Chrysopa formosa*

Chrysopidae 草蛉科

大草蛉 *Chrysopa pallens*

尼草蛉 *Nineta* sp.

尼草蛉 *Nineta* sp.

草蛉 *Chrysopa* sp.

日本通草蛉 *Chrysoperla nipponensis*（滞育状态）

脉翅目

蚁蛉科 | Myrmeleontidae

大型健壮种类，前翅长 20~40 mm，最大翅展可达 150 mm；触角较短，短于前翅长的 1/2，端部膨大呈棒状或匙状；头和胸部多有长毛；足多短粗多毛；翅多狭长，脉呈网状；有翅痣；腹部很长；幼虫称为"蚁狮"，习性多样，一些常见的蚁蛉亚科在沙土中制造漏斗状穴，捕食滑落的昆虫。

苏勒蚁蛉 *Myrmeleon solers*

拟褐纹树蚁蛉 *Dendroleon similis*

条斑次蚁蛉 *Deutoleon lineatus*（上雌下雄）

朝鲜东蚁蛉 *Euroleon coreanus*

脉翅目

Ascalaphidae 蝶角蛉科

体大型，极易被误认为是蜻蜓；触角细长，为前翅的 1/2，端部突然膨大呈球杆状，像蝴蝶的触角，故得名；头部复眼大而突出；头和胸多密生长毛，足短小多毛；翅脉多，呈网状；有翅痣，翅痣下无狭长的翅室；腹部多狭长，雌虫有的腹部较短；成虫白天在林间飞行、栖息，动作敏捷；部分种类有趋光性。

黄花蝶角蛉 *Acalaphus sibiricus*

狭翅原完眼蝶角蛉 *Protidricerus stenopterus*

广翅目 Megaloptera

齿蛉科 — Corydalidae

体中型至大型，通称为齿蛉或鱼蛉；头部有3个单眼；足跗节各节形状相似，均为圆柱状；幼虫体较大，常见于流速较急的石下。

圆端斑鱼蛉 *Neochauliodes rotundatus*

炎黄星齿蛉 *Protohermes xanthodes*

Raphidioptera 蛇蛉目

Inocelliidae — 盲蛇蛉科

头部无单眼；翅痣内无横脉。

盲蛇蛉 *Inocellia* sp.

鞘翅目 Coleoptera

蟻形甲科 / 三点角蟻形甲 *Notoxus trinotatus*

Dytiscidae ▸―――――――――――――――――――――――――――――◂ 龙虱科

体长 1.3~45 mm；体色多为黑色；体背、腹面均隆凸，体形为流线形；头小，部分隐藏于前胸背板下；触角 11 节，多数超过前胸背板；足较短，后足远离于中足，跗节扁平具游泳毛；雄虫前足跗节膨大，形成抱握足，用分泌出的黏性物质抱住雌虫。

小雀斑龙虱 *Rhantus suturalis*

艾孔龙虱 *Nebrioporus airumlus*

圆龙虱 *Graphoderus sp.*

孔龙虱 *Nebrioporus sp.*

端毛龙虱 *Agabus sp.*

灰齿缘龙虱 *Eretes griseus*

鞘翅目

步甲科 | Carabidae

体长 1~60 mm；体色以黑色为多，部分类群色泽鲜艳；头稍窄于前胸背板；唇基窄于触角基部；触角 11 节，丝状；鞘翅一般隆凸，表面多具刻点行或瘤突；后翅一般发达，土栖种类的后翅退化，随之带来的是左右鞘翅愈合；足多细长，适于行走，部分类群前、中足演化成适宜挖掘的特工；跗节 5-5-5 式。

铜绿虎甲 *Cicindela coerulea*

铜翅虎甲 *Cicindela transbaicalica*

鞘翅目

Carabidae 步甲科

芽斑虎甲 *Cicindela gemmata*

云纹虎甲 *Cylindera elisae*

萨哈林虎甲 *Cicindela sachalinensis*

鞘翅目

步甲科　　　　　　　　　　　　　　　　　　　　　　　　　　　　Carabidae

强婪步甲　*Harpalus crates*

黄鞘婪步甲　*Harpalus pallidipennis*

毛婪步甲　*Harpalus griseus*

红缘婪步甲　*Harpalus froelichii*

直角婪步甲　*Harpalus corporosus*

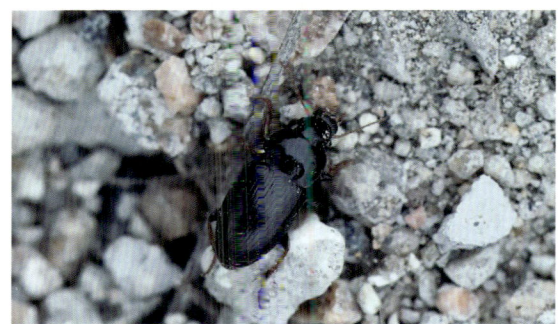

婪步甲　*Harpalus* sp.

婪步甲　*Harpalus* sp.

秦皇岛昆虫生态图鉴　　　　　　　　　　　　　　　　　　　　　　鞘翅目

Carabidae　　　　　　　　　　　　　　　　　　　　　　　　　　　步甲科

暗星步甲 *Calosoma lugens*

大星步甲 *Calosoma maximoviczi*

暗步甲 *Amara* sp.

巨胸暗步甲 *Amara gigantea*

暗步甲 *Amara* sp.

123

鞘翅目

步甲科 | Carabidae

毛胸青步甲 *Chiaenius naeviger*

黄斑青步甲 *Chlaenius micans*

异角青步甲 *Chlaenius variicornis*

Carabidae 步甲科

四斑偏须步甲 *Panagaeus davidi*

锥须步甲 *Bembidion* sp.

小宽颚步甲 *Parena tripunctata*

罕丽步甲 *Carabus manifestus*

布氏盘步甲 *Metacolpodes buchanani*

鞘翅目

步甲科　　　　　　　　　　　　　　　　　　　　　　　　　　　　　　Carabidae

麻步甲　*Carabus brandti*

小边捷步甲　*Badister marginellus*

铜绿短角步甲　*Trigonotoma lewisii*

朝鲜艳步甲　*Trigonognatha coreana*

扁角步甲　*Poecilus* sp.

Hydrophilidae 牙甲科

体小型至大型，近椭圆形，背隆，腹平；黑色或黑褐色；下颚须细长，等于或长于触角；触角7~9节，末端3节膨大，倒数第四节短而呈杯状；部分种类中胸腹板具长中脊突；跗节5节；腹部可见腹板，一般为5节。

双色苍白牙 *Enochrus bicolor*

Histeridae 阎甲科

体长0.5~20 mm；体卵形到长圆形，强烈隆凸，个别属狭长或极平扁；体表无毛；体色为黑色或金属色，少数红色或双色；头部通常向后深缩在前胸背板中；触角略呈膝状，几乎总是10节或11节，由3节组成的端锤闭合在一起，有时端锤的3节合生为一体；上颚前突，有时颊扩大，将下颚遮盖起来；鞘翅平截，体后尾露出1个或2个腹节，刻点为6行或较少；前足胫节外侧具齿。

吉氏分阎 *Merohister jekeii*

扁阎甲 *Hololepta* sp.

鞘翅目

葬甲科 — Silphidae

体长 7~45 mm；体卵圆或较长，平扁；通常背面光滑；触角末端 3 节组成的端锤表面绒毛状，第九节和第十节有时梳状，有时触角膝状；小盾片很大；鞘翅有时平截，露出 1 个或 2 个腹节背板。

黑缸葬甲 *Phosphuga atrata*

达乌里干葬甲 *Aclypea daurica*

皱翅亡葬甲 *Thanatophilus rugosus*

Silphidae 葬甲科

尼泊尔覆葬 *Nicrophorus nepalensis*

双斑葬甲 *Ponascopus plagiatus*

前星覆葬甲 *Nicrophorus maculifrons*

鞘翅目

隐翅虫科 — Staphylinidae

体长 0.5~50 mm，多数种类 1~20 mm；多为狭长形，但有时也可能为长圆形或近卵圆形；强烈隆凸至平扁，体表光滑或被直立毛或卧毛，触角多为丝状，有时向端部逐渐扩粗，少数情况形成明显端锤，着生点多露出；鞘翅一般极短，平截，露出 3 节或更多腹节背板，个别种类完整或只露出 1 节或 2 节；跗节多为 5-5-5 式，有时为 2-2-2 式或 3-3-3 式，或者为不同的异跗节式；腹部一般可以背腹弯曲运动；有 6 节或 7 节可见腹板，前 1 个或 2 个腹节背板膜质。

塔毒隐翅虫 *Paederus tamulus*

菲隐翅虫 *Philonthus* sp.

瑞拉隐翅虫 *Zyras* sp.

鸟粪隐翅虫 *Eucibdelus* sp.

Staphylinidae 隐翅虫科

董隐翅虫 *Lordithon* sp.

普拉隐翅虫 *Platydracus* sp.

圆胸隐翅虫 *Tachinus* sp.

华北突眼隐翅虫 *Stenus huabeiensis*

腹毛隐翅虫 *Myllaena* sp.

鞘翅目

锹甲科 | Lucanidae

锹甲是鳃角类中一个独特类群，因其触角端部3~6节向一侧延伸而归入鳃角类，又以其触角肘状，上颚发达（特别是雄虫），多呈鹿角状而区别于其他各科；体中型至特大型，多大型种类；体长椭圆形或卵圆形，背腹颇扁圆；体多为棕褐色、黑褐色至黑色，或有棕红色、黄褐色等色斑，有些种类有金属光泽，通常体表不被毛；头前口式；性二态现象十分显著，雄虫头部大，接近前胸之大小，上颚异常发达，多呈鹿角状，同种雄性个体也因发育程度不同，大小、形态差异甚为显著；复眼通常不大；触角肘状10节，鳃片部3~6节，多数为3~4节，呈栉状；前胸背板横大于长；小盾片发达显著；鞘翅发达，盖住腹端；跗节5节，爪成对，简单。

两点赤锯锹普通亚种 *Prosopocoilus astacoides blanchardi*（左雄右雌）

斑股深山锹指名亚种 *Lucanus dybowski dybowski*（雌）

红腿刀锹北部亚种 *Dorcus rubrofemoratus chenpengi*（雄）

鞘翅目

Lucanidae 锹甲科

大卫鬼锹指名亚种 *Prismognathus davidis davidis*（左雄右雌）

皮氏小刀锹北亚种 *Falcicornis tenuecostatus tenuecostatus*（左雄右雌）

鞘翅目

金龟科 | Scarabaeidae

体小型至大型；头通常较小；触角不很长，端部3~8节向前延伸呈节状或鳃片状；前口式，口器发达；前胸背板大，通常宽大于长；多数种类有小盾片，少数没有；后翅通常发达，善于飞行。

黄粉鹿花金龟 *Dicronocephalus bowringi* （左雄右雌）

宽带鹿花金龟 *Dicronocephalus adamsi* （左雄右雌）

黄斑短突花金龟 *Glycyphana fulvistemma*

日本伪阔花金龟 *Pseudotorynorrhina japonica*

Scarabaeidae 金龟科

赭翅臀花金龟 *Campsiura mirabilis*

长毛花金龟 *Cetonia magnifica*

钝毛鳞花金龟 *Cosmiomorpha setulosa*

斑青花金龟 *Gametis bealiae*

沥斑鳞花金龟 *Cosmiomorpha decliva*

小青花金龟 *Gametis jucunda*

鞘翅目

金龟科 | Scarabaeidae

中华丽花金龟 *Euselates moupinensis*

白斑跗花金龟 *Clinterocera scabrosa*

白星花金龟 *Protaetia brevitarsis*

多纹铜星花金龟 *Protaetia famelica*

绿亮星花金龟 *Protaetia mandschuriensis*

Scarabaeidae 金龟科

分异发丽金龟 *Phyllopertha diversa*（左雌右雄）

庭园发丽金龟 *Phyllopertha horticola*

蓝边矛丽金龟 *Callistethus plagiicollis impictus*

毛喙丽金龟 *Adoretus hirsutus*

鞘翅目

金龟科 Scarabaeidae

京绿彩丽金龟 *Anomala peckinensis*

粗绿彩丽金龟 *Mimela holosericea*

浅褐彩丽金龟 *Mimela testaceoviridis*

中华弧丽金龟 *Popillia quadriguttata*

无斑弧丽金龟 *Popillia mutans*

琉璃弧丽金龟 *Popillia flavosellata*

Scarabaeidae 金龟科

弱脊异丽金龟 *Anomala palleola*

光沟异丽金龟 *Anomala laevisulcata*

铜绿异丽金龟 *Anomala corpulenta*

多色异丽金龟 *Anomala chamaeleon*

漆黑异丽金龟 *Anomala ebenina*

蒙古异丽金龟 *Anomala mongolica*

鞘翅目

金龟科　　　　　　　　　　　　　　　　　　　　　　　　　　　　Scarabaeidae

灰胸突鳃金龟 *Melolontha incana*

大云鳃金龟 *Polyphylla laticollis*

二色希鳃金龟 *Hilyotrogus bicoloreus*

福婆鳃金龟 *Brahmina faldermanni*

暗黑鳃金龟 *Pedinotrichia parallela*

弟兄鳃金龟 *Melolontha frater*

Scarabaeidae 金龟科

绿绒毛脚花金龟 *Epitrichius bowringii*

短毛斑金龟华北亚种 *Lasiotrichius succinctus horai*

黑绒金龟 *Maladera orientalis*

鞘翅目

金龟科 — Scarabaeidae

华扁犀金龟 *Eophileurus chinensis*

玛绢金龟 *Maladera* sp.

玛绢金龟 *Mcladera* sp.

拟突眼绢金龟 *Serica rosinae*

毛背新绢金龟 *Neoserica ursina*

Glaphyridae 绒毛金龟科

体较狭长、多毛，多有金属光泽；头面、前胸背板无突起；头前口式，唇基基部狭于额，上唇、上颚发达外露，背面可见；触角10节，鳃片部3节光裸少毛；前胸背板狭于翅基；小盾片舌形；鞘翅狭长；体腹面密被具毛刻点；足较细长，爪成对，简单。

泛长角绒毛金龟 *Amphicoma fairmairei*

Rhipiceridae 羽角甲科

体长1~25 mm，红褐或赤褐色；头小；触角特化，雄虫为羽角状，雌虫为栉状；前胸背板近三角形。

布氏羽角甲 *Sandalus bourgeoisi*

鞘翅目

吉丁虫科 | Buprestidae

体长 1.5~85 mm；头部大部嵌入前胸，下口式；触角多为 11 节，端部数节多为短锯齿状；前胸与体后相接紧密，不可活动；鞘翅长，到端部逐渐收狭；足细长；跗节 5-5-5 式；成虫喜阳光，白天活动；幼虫在植物枝、干、根或叶中钻孔为害，属钻蛀性昆虫。

纹吉丁 *Coraebus* sp.

纹吉丁 *Coraebus* sp.

花纹吉丁 *Anthaxia* sp.

花纹吉丁 *Anthaxia* sp.

方点花纹吉丁指名亚种 *Anthaxia (Melanthaxia) quadripunctata quadripunctata*

Elateridae 叩甲科

黑斑锥胸叩甲 *Ampedus sanguinolentus*

锥胸叩甲 *Ampedus* sp.

筛胸梳爪叩甲 *Melanotus cribricollis*

狭长直缝叩甲 *Hemicrepidius oblongus*

直缝叩甲 *Hemicrepidius* sp.

鞘翅目

叩甲科 | Elateridae

北方灿叩甲 *Actenicerus cf. alternatus*

心盾叩甲 *Cardiophorus* sp.

陕西孤叶叩甲 *Anchastelater shaanxiensis*

沟叩头甲 *Pleonomus canaliculatus*

Elateridae 叩甲科

布氏模叩甲 *Liotrichus businskyi*

双脊叩甲 *Ludioschema* sp.

暗足双脊叩甲 *Ludioschema obscuripes*

双脊叩甲 *Ludioschema* sp.

鞘翅目

红萤科 | Lycidae

体长 3~20 mm；体扁形，两侧平行；体红色，也有黄色、黑色等色；头下弯，复眼突出；触角 11 节，丝状、锯齿状、栉状、羽状等；前胸背板三角形，多有发达的凹洼和隆脊所形成的网络；鞘翅细长，具发达的纵脊和刻点形成的网纹；跗节 5-5-5 式；腹部可见 7~8 节，不发光；成虫白天活动，常见于植物叶面、花间等；幼虫生活于树皮下或土壤中；成、幼虫均为捕食性。

喙红萤 *Lycostomus* sp.

赤缘吻红萤 *Lycostomus porphyrophorus*

朝鲜短沟红萤 *Plateros koreanus*

鞘翅目

萤 科 Lampyridae

体长 4~8 mm；体扁，多为黑色、红褐色或褐色；头隐于前胸背板下；复眼发达；触角11节，丝状、栉状等；前胸背板多为半圆形；跗节5-5-5式；鞘翅扁宽，盖及腹端，翅面多具脊线；雌虫多缺翅；腹部可见7~8节，末端2节（雄）或1节（雌），可以发光；成、幼虫均为捕食性，一般多生活在水边和温暖潮湿的地方。

赤腹栉角萤 *Vesta impressicollis*

窗胸萤 *Pyrocoelia pectoralis*

弩萤 *Drilaster* sp.

锯角萤 *Lucidina* sp.

鞘翅目

花萤科　　Cantharidae

体长 4~20 mm；体蓝色、黑色、黄色等；头方形或长方形；触角 11 节，丝状，少数锯齿状或端部加粗；前胸背板多为方形，少数半圆或椭圆形；鞘翅软，有长翅和短翅两种类型；足发达，跗节 5-5-5 式；成、幼虫均为捕食性。

大双齿花萤　*Podabrus dilaticollis*

丝角花萤　*Rhagonycha* sp.

红毛花萤　*Cantharis rufa*

尖须花萤　*Malthinus* sp.

棕缘花萤　*Cantharis brunneipennis*

Cantharidae 花萤科

黑斑丽花萤 *Themus stigmaticus*

里森丽花萤 *Themus liceenti*

毛胸异花萤 *Asiocerus pubicollis*

糙翅丽花萤 *Themus impressipennis*

鞘翅目

花萤科　　Cantharidae

圆胸花萤 *Prothemus* sp.

狭胸花萤 *Stenothemus* sp.

紫翅圆胸花萤 *Prothemus purpuripennis*

Ptinidae 蛛甲科

体微小至小型，体长 2~5 mm，外形似蜘蛛；头部及前胸背板较其他部分狭；触角丝状或念珠状，11 节，生于复眼之前方，其基部相互接近；前胸无侧缘，明显狭于鞘翅；鞘翅圆形，隆起，翅端盖住腹端；后足腿节端部通常膨大，后足胫节常弯曲。跗节 5-5-5 式；部分种类为仓库害虫，发现于各类储藏室及仓库，朽木、鸟巢等中也可发现。

球窃蠹 *Gibbium* sp.

Byturidae 小花甲科

体小，卵圆形；体背密被淡黄色毛；前胸背板前后缘均较直，侧缘弧形。

弧形小花甲 *Byturus affinis*

鞘翅目

郭公虫科 — Cleridae

体小型至中型；长形，体表具竖毛；体色黑红色、绿色等，并具金属光泽；头大，三角形或长形；触角 11 节，多为棍棒状，少数为锯齿状或栉齿状；前胸背板多数长大于宽，表面隆突具凹洼；鞘翅两侧平行，表面毛长且密；跗节 5-5-5 式，第一至四节双叶状；成、幼虫多为捕食性，部分类群为主要的仓库害虫。

中华毛郭公甲 *Trichodes sinae*

中根烙郭公甲 *Stigmatium nakanei*

剑枝郭公甲 *Cladiscus obeliscus*

Cleridae 郭公虫科

窗奥郭公甲 *Opilo fenestratus*

光洁猛郭公甲 *Cleus nitidus*

普通郭公甲 *Clerus dealbatus*

鞘翅目

拟花萤科　　　　　　　　　　　　　　　　　　　　　　　　Melyridae

体小柔软，蓝绿色、黑褐色或黄色；体背面多具长竖毛；触角 10~11 节，丝状、锯齿状或扇状；前胸背板多近方形；鞘翅刻点明显，但不具任何脊，多数盖及腹端，个别有稍短者；足较细长，跗节端部第二节多为双叶状；成、幼虫多为捕食性；成虫常发现于花间，也有些为害禾本科植物。

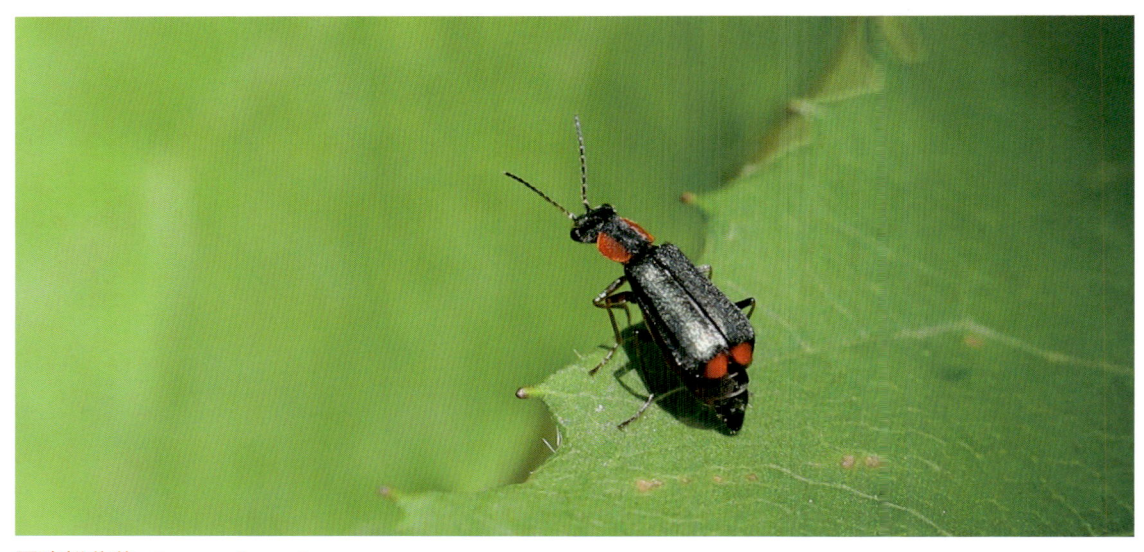

圆胸拟花萤 *Cyrtosus christophi*

长基拟花萤 *Attalus* sp.

拟花萤 *Malachinus* sp.

Erotylidae 大蕈甲科

体长 3-25 mm；体长形；头部显著，复眼发达；触角 11 节，端部 3 节膨大呈棒状；前胸背板长宽近似相等；鞘翅盖及腹端，翅面多具刻点纵行；跗节 5-5-5 式，第四节较小；成、幼虫均为菌食性，常见于真菌体、土壤及植物组织中。

月斑钩蕈甲 *Aulacochilus luniferus*

新蕈甲 *Neotriplax* sp.

颈拟叩甲 *Tetralala collaris*

鞘翅目

露尾甲科 | Nitiduliidae

体长 1~7 mm；体宽扁，黑色或褐色；头显露，上颚宽，强烈弯曲；触角短，11 节，柄节及端部 3 节膨大，中间各节较细；前胸背板宽大于长；鞘翅宽大，表面有纤毛和刻点行，臀板外露或末端 2~3 节背板外露；前足胫节外侧具锯齿突起；跗节 5-5-5 式，第三节双叶状，第四节很小，第五节较长；成、幼虫均食腐败植物组织、花粉、花蜜等，常见于腐烂物、松散的树皮及潮湿处。

步行露尾甲 *Soronia fracta*

烂果露尾甲 *Phenolia picta*

棕宽胸露尾甲 *Cychramus luteus*

钢色露尾甲 *Carpophilus chalybeus*

瓢虫科 Coccinellidae

体长 0.8~6 mm；体多为卵圆形，个别为长形，体色多样；头部多被背板覆盖，仅部分外露；触角 11 节，可减少至 7 节，呈锤状、短棒状等；前胸背板横宽窄于鞘翅，表面隆凸；鞘翅盖及腹端；足腿节一般不外露；跗节 4-4-4 式（隐 4 节），第二节多为双叶状，第三节小，位于其间，有些类群跗节为 3-3-3 式或 4-4-4 式（第三节并不缩小）。

菱斑食植瓢虫 *Epilachna insignis*

多异瓢虫 *Hippodamia variegata*

龟纹瓢虫 *Propylea japonica*

黑背显盾瓢虫 *Hyperaspis amurensis*

中国双七瓢虫 *Coccinula sinensis*

鞘翅目

瓢虫科 — Coccinellidae

梵文菌瓢虫 *Halyzia sanscrita*

十二斑褐菌瓢虫 *Vibidia duodecimguttata*

二十二星菌瓢虫 *Psyllobora vigintiduopunctata*

七星瓢虫 *Coccinella septempunctata*

十三星瓢虫 *Hippodamia tredecimpunctata*

Coccinellidae 瓢虫科

十星裸瓢虫 *Calvia decemguttata*

四斑裸瓢虫 *Calvia muiri*

六斑异瓢虫 *Aiolocaria hexaspilota*

隐斑瓢虫 *Harmonia yedoensis*

鞘翅目

瓢虫科　Coccinellidae

展缘异点瓢虫　*Anisosticta kobensis*

黑缘红瓢虫　*Chilocorus rubidus*

红褐粒眼瓢虫　*Sumnius brunneus*

华日瓢虫　*Coccinella ainu*

Coccinellidae 瓢虫科

马铃薯瓢虫 *Henosepilachna vigintioctomaculata*

异色瓢虫 *Harmonia axyridis*

鞘翅目

花蚤科　　　　　　　　　　　　　　　　　　　　　　　　　　　　　　　Mordellidae

体长 1.5~15 mm；头大，卵形，部分缩入前胸内，和前胸背板等宽，眼后方收缩；触角 11 节，丝状，末端略粗或锯齿状；眼侧置，较发达，小眼面中等，卵形；前胸背板小，前面窄，与鞘翅基部等宽，形状不规则；后足很长；跗节 5-5-4 式；翅长；身体光滑，呈流线形，有驼峰状的背，端部尖。

全黑花蚤 *Mordella holomelaena sibirica*

雅谷纹花蚤 *Yakuhananomia yakui*

深黄肖姬花蚤 *Falsomordellistena* sp.

白盾伪花蚤 *Pseudotomoxia* sp.

鞘翅目

Scraptiidae　拟花蚤科

体微小至小型，较扁平，长卵圆形；触角丝状，11节；前足基节窝开放；后足胫节与跗节等长；跗式5-5-4，雄第二跗节呈双叶状；爪基部具齿；腹部可见腹板5节，末端无臀锥。

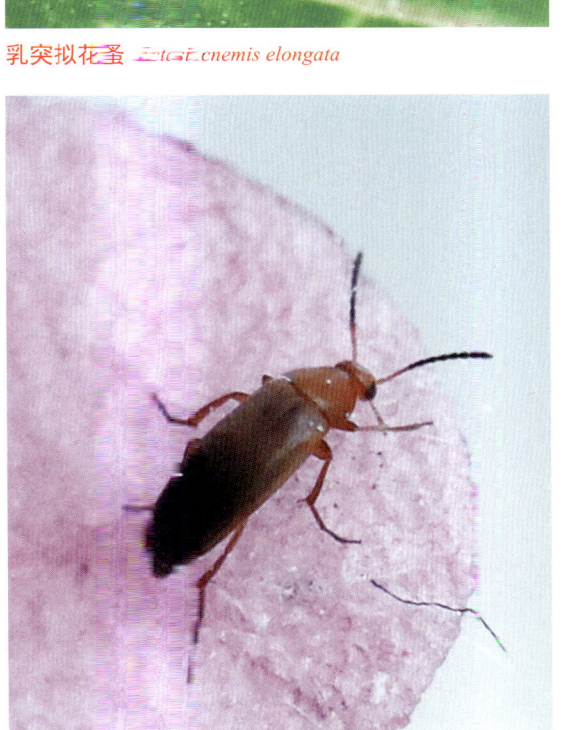

乳突拟花蚤 *Ectaciocnemis elongata*

锚纹拟花蚤 *Ectasiocnemis anchoralis*

拟花蚤 *Anaspis* sp.

拟花蚤 *Anaspis* sp.

鞘翅目

赤翅甲科　　　　　　　　　　　　　　　　　　　　　　　　　　　　Pyrochroidae

中等大小，长 5~15 mm；体近乎扁平，多为赤色或暗色；头部突出，近方形，句订伸出；触角 11 节，通常锯齿状或栉齿状，少数丝状或棒状；前胸背板比鞘翅窄；足长；跗节 5-5-4 式　足倒数第二跗节明显短于倒数第三跗节，若长，则双叶状；见于朽木寄生菌上。

颜脊伪赤翅甲 *Pseudopyrochroa facialis*

Tenebrionicae 拟步甲科

体小型至大型，长 2~35 mm；体壁坚硬；体形变化极大，有扁平形、圆筒形、长圆形、琵琶形等；体色有黑色、褐色、绿色、紫色等，温带以单一黑色者最普遍，热带种类则富有各种金属光泽，有些还有红色或白色斑，或白色鳞片（毛）；头部通常卵形，前口式至下口式，较前胸小；触角生于头侧下前方，丝状、棍棒状、念珠状、锯齿状和抱茎状等，通常 11 节，稀见 10 节者；复眼通常小而突出；前唇基明显；前胸背板较头宽，形状多变；足细长；跗节通常 5-5-4 式，稀见 5-4-4 式或 4-4-4 式，第一节总是长过第二节；鞘翅完整，末端圆，有些有明显翅尾；鞘翅侧缘下折部分拥抱腹部一部分；翅面光滑，有条纹或毛带，有瘤突或脊突；有些荒漠种类的鞘翅完全或部分愈合。

异点栉甲 *Cteniopus diversipunctatus*

尖匣栉甲 *Cistelomorpha apicipalpis*

窄跗栉甲 *Cteniopinus tenuitarsis*

鞘翅目

拟步甲科　Tenebrionidae

隆线异土甲 *Heterotarsus carinula*

双齿土甲 *Gonocephalum coriaceum*

类沙土甲 *Opatrum subaratum*

达卫邻烁甲 *Plesiophthalmus davidis*

瘦直扁足甲 *Pedinus strigosus*

Tenebrionidae 拟步甲科

红膜朽木甲 *Dynenalia rufipennis*

污朽木甲 *Borboresthes* sp.

污朽木甲 *Borboresthes* sp.

东方垫甲 *Luprops orientalis*

刘氏菌甲 *Diaperis lewisi*

鞘翅目

拟步甲科 | Tenebrionidae

长足管伪叶甲 *Donaciolagria kurosawai*

伪叶甲 *Lagria* sp.

伪叶甲 *Lagria* sp.

黑胸伪叶甲 *Lagria nigricollis*

| Meloidae | 芫菁科 |

体长3~30 mm；体柔软，大多数种长形；颜色多变，有时具鲜明的金属色彩；头前口式，比前胸背板大；复眼大，左右离开；触角7~11节，通常呈丝状或念珠状，有时雄虫中间的节变粗；前胸背板比鞘翅基部窄；足二，跗节5-5-4式，爪二裂；鞘翅完整或变短，有时极度分离；遇惊吓时常从腿节分泌黄色液体，含有强烈的芫菁素，能侵蚀皮肤，使之变红，形成水疱。

蓝紫短翅芫菁 *Meloe violaceus*

绿芫菁 *Lytta caraganae*

西北豆芫菁 *Epicauta sibirica*

鞘翅目

芫菁科　　　　　　　　　　　　　　　　　　　　　　　　　　　Meloidae

中突沟芫菁　*Hycleus medioinsignatus*

克氏黄带芫菁　*Zonitoschema klapperichi*

横纹沟芫菁　*Hycleus zolonicus*

圆点斑芫菁　*Mylabris aulica*

拟天牛科 Oedemeridae

体长 5–20 mm，中等大小，背面略扁；头小并倾斜，比前胸窄，常长大于宽；触角11节，多丝状；眼大，卵形；跗节 5-5-4 式；鞘翅完整，宽于前胸背板基部，顶端圆；成虫访花。

异色拟天牛 *Scanomera abdominalis*

浅黄拟天牛 *Oedemera lurida sinica*

光亮拟天牛 *Oedemera lucidicollis*

远东拟天牛 *Oedemera amurensis*

鞘翅目

蚁形甲科　　　　　　　　　　　　　　　　　　　　　　　　　　　Anthicidae

体小如蚁，1.6~15 mm；头大而下垂，在眼后方强烈收缩；触角 11 节 前胸背板与头部近等大，窄于鞘翅，长卵形；跗节 5-5-4 式；鞘翅完整；栖息于潮湿处，常见于地面和植物上，善返爬。

三点角蚁形甲　*Notoxus trinotatus*

距甲科　　　　　　　　　　　　　　　　　　　　　　　　　　　Megalopodidae

体长 6~10 mm；触角 11 节，多为锯齿状；鞘翅长形，基部较前胸背板后缘宽；后足腿节常膨粗；胫节端部有距；成虫喜食嫩茎，幼虫钻蛀或潜叶。

突胸距甲　*Temnaspis* sp.

鞘翅目

Chrysomelidae — 叶甲科

体长1~5mm，长形；头部外露，多为亚前口式；复眼突出；触角多为11节，通常呈丝状、锯齿状或念珠状，少数栉状；前胸背板多横宽；鞘翅一般盖住腹部；足较长，腿节粗，跳甲亚科后足腿节十分膨大，善跳；跗节5节，第四节极小；成虫鞘翅一般盖及腹端，大部分后翅发达，有一定飞翔能力；成、幼虫均为植食性，取食植物的根、茎、叶、花等。

紫穗槐豆象 *Acanthoscelides pallidipennis*

旋花豆象 *Spermophagus titivilitius*

鞘翅目

叶甲科 | Chrysomelidae

十二点负泥虫 *Crioceris duodecimpunctata*

密点负泥虫 *Oulema viridula*

枸杞负泥虫 *Lema decempunctata*

长腿水叶甲 *Donacia provosti*

鞘翅目

Chrysomelidae 叶甲科

红颈负泥虫 *Lilioceris sieversi*

蓝翅负泥虫 *Lema honorata*    蓝负泥虫 *Lema concinnipennis*    景负泥虫 *Lilioceris theana*

鞘翅目

叶甲科　　　　　　　　　　　　　　　　　　　　　Chrysomelidae

甘薯腊龟甲　*Laccoptera nepalensis*

黑条龟甲　*Cassida lineola*

淡胸藜龟甲　*Cassida pallidicollis*

豹短椭龟甲　*Glyphocassis spilota*

Chrysomelidae 叶甲科

圆顶梳龟甲 *Aspidomorpha difformis*

虾钳菜披龟甲 *Cassida piperata*

甜菜大龟甲 *Cassida nebulosa*

山楂肋龟甲 *Cassida vespertina*

蒿龟甲 *Cassida fuscorufa*

鞘翅目

叶甲科 | Chrysomelidae

二纹柱萤叶甲 *Gallerucida bifasciata*

广聚萤叶甲 *Ophraella communa*

阔胫萤叶甲 *Pallasiola absinthii*

核桃凹翅萤叶甲 *Paleosepharia posticata*

十星瓢萤叶甲 *Oides decempunctata*

Chrysomelidae 叶甲科

黑条波叶甲 *Brachyphora nigrovittata*

黑跗曲波萤叶甲 *Doryxenoides tibialis*

黄额异跗萤叶甲 *Apophylia beeneni*

榆黄毛萤叶甲 *Pyrrhalta (Xanthogaleruca) maculicollis*

萤叶甲 *Caruca* sp.

小萤叶甲 *Galerucella* sp.

鞘翅目

叶甲科　　　　　　　　　　　　　　　　　　　　　Chrysomelidae

尖腹隐头叶甲 *Cryptocephalus oxysternus*

榆隐头叶甲 *Cryptocephalus lemniscatus*

隐头叶甲 *Cryptocephalus* sp.

宽条隐头叶甲 *Cryptocephalus multiplex multiplex*

绿蓝隐头叶甲 *Cryptocephalus regalis cyanesscens*

栎隐头叶甲 *Cryptocephalus curetatus*

Chrysomelidae 叶甲科

艾蒿隐头叶甲 *Cryptocephalus koltzei*

斑鞘隐头叶甲 *Cryptocephalus regalis regalis*

黑纹隐头叶甲 *Cryptocephalus limbellus*

黑顶隐头叶甲 *Crytocephalus hyacinthinus*

黑足隐头叶甲 *Cryptocephalus confusus*

花背短柱叶甲 *Pachybrachis scriptidorsum*

鞘翅目

叶甲科 — Chrysomelidae

锯齿叉趾铁甲 *Dactylispa angulosa*

杨叶甲 *Chrysomela populi*

锯胸叶甲 *Syneta adamsi*

Chrysomelidae 叶甲科

二点钳叶甲 *Laciostomis urticarum*

中华钳叶甲 *Labidostomis chinensis*

褐足角胸叶甲 *Basilepta fulvipes*

毛肖叶甲 *Trichochrysea* sp.

鞘翅目

叶甲科　Chrysomelidae

中华萝藦叶甲　*Chrysochus chinensis*

核桃扁叶甲　*Gastrolina depressa*

绿条金叶甲　*Chrysolina virgata*

柳圆叶甲　*Plagiodera versicolora*

Chrysomelidae 叶甲科

光背锯角叶甲 *Clytra laeviuscula*

萹蓄齿胫叶甲 *Gastrophysa polygoni*

柳十八星叶甲 *Chrysomela salicivorax*

蓼蓝齿胫叶甲 *Gastrophysa atrocyanea*

鞘翅目

叶甲科 Chrysomelidae

黄胸寡毛跳甲 *Luperomorpha xanthodera*

寡毛跳甲 *Luperomorpha* sp.

寡毛跳甲 *Luperomorpha* sp.

棕翅粗角跳甲 *Phygasia fulvipennis*

金绿沟胫跳甲 *Hemipyxis plagioderoides*

鞘翅目

Chrysomelidae 叶甲科

大麻蚤甲 *Psylliodes attenuata*

沟胸跳甲 *Crepidodera* sp.

蚤跳甲 *Psylliodes* sp.

沟胸跳甲 *Crepidodera* sp.

蓝色九节跳甲 *Nonarthra cyanea*

鞘翅目

叶甲科 | Chrysomelidae

黑额光叶甲 *Physosmaragdina nigrifrons*

杨柳光叶甲 *Smaragdina aurita hammarstrpemi*

光叶甲 *Smaragdina* sp.

梨光叶甲 *Smaragdina semiaurantiaca*

鞘翅目

Cerambycidae 天牛科

体小至大型，4~65 mm；体长形，颜色多样；头突出，前口式或下口式；复眼发达，多为肾形，呈上、下两区；触角通常11节，少数较多，甚至可达30节，以线状为主，部分锯齿状；前胸背板多具侧刺突或侧瘤，盘区隆凸或具皱纹；鞘翅多细长，盖住腹部，但一些类群鞘翅短小，腹部大部分裸露；足细长；为植食性或蛀生害虫。

鞍背亚天牛 *Acoplites halodendri ephippium*

红缘亚天牛 *Acoplites halodendri pirus*

黑带鼓腿天牛 *Aegomorphus clavipes*

红胸棍腿天牛 *Phymatodes (Phymatodellus) infasciatus*

瘦棍腿天牛 *Stenodryas sp.*

鞘翅目

天牛科　Cerambycidae

肿腿花天牛　*Oedecnema gebleri*

瘤胸银花天牛　*Carilia tuberculicollis*

蚤瘦花天牛　*Strangalia fortunei*

赤杨斑花天牛　*Stictoleptura dichroa*

河北锯花天牛　*Apatophysis stevensi*

Cerambycidae 天牛科

橡黑花天牛 *Leptura aethiops*

拟金花天牛 *Paragaurotes ussuriensis*

曲纹花天牛 *Leptura annularis*

拟矩胸花天牛 *Pseudalosterna elegantula*

鞘翅目

天牛科　　　　　　　　　　　　　　　　　　　　　　　　　　　　Cerambycidae

白毛虎天牛 *Clytus melaenus* 　　　　　　　　　北京脊虎天牛 *Xylotrechus pekingensis*

瘤虎天牛 *Clytobius davidis* 　　　　　　　　　　暗色跗虎天牛 *Perissus fairmarei*

乔氏义虎天牛 *Yoshiakioclytus qiaoi* 　　　　　　林虎天牛 *Rhabdoclytus acutivitis*

鞘翅目

Cerambycidae 天牛科

首尔刺虎天牛 *Demonax seoulensis*

丽艳虎天牛 *Rhaphuma gracilipes*

沙氏绿虎天牛 *Chlorophorus savioi*

槐绿虎天牛 *Chlorophorus diadema diadema*

六斑绿虎天牛 *Chlorophorus simillimus*

斜尾虎天牛 *Clytus raddensis*

鞘翅目

天牛科 — Cerambycidae

葡萄脊虎天牛 *Xylotrechus pyrrhoderus pyrrhoderus*

咖啡脊虎天牛 *Xylotrechus grayii grayii*

曲虎天牛 *Cyrtoclytus capra*

华星天牛 *Anoplophora chinensis*

光肩星天牛 *Anoplophora glabripennis*

Cerambycidae 天牛科

斜翅粉天牛 *Olenecamptus subobliteratus*

八星粉天牛 *Olenecamptus octopustulatus*

黑点粉天牛 *Olenecamptus clarus*

家茸天牛 *Trichoferus campestris*

光亮荣天牛 *Clytosemia pulchra nitidiceps*

鞘翅目

天牛科 — Cerambycidae

中华泥色天牛 *Uraecha chinensis*

桃红颈天牛 *Aromia bungii*

Cerambycidae 天牛科

苜蓿多节天牛 *Agapanthia (Amurobia) amurensis*

双簇污天牛 *Moechotypa diphysis*

黄荆重突天牛 *Tetraophthalmus episcopalis*

多点坡天牛 *Pterolophia (Pterolophia) angusta multinotata*

竖毛天牛 *Thyestilla gebleri*

鞘翅目

天牛科 — Cerambycidae

黑绒天牛 *Embrikstrandia bimaculata*

白腰芒天牛 *Pogonocherus dimidiatus*

乌苏里天牛 *Ussurella napolovi*

岛锯天牛 *Prionus insularis*

大牙土天牛 *Dorysthenes (Cyrtognathus) paradoxus*

Cerambycidae 天牛科

培甘弱脊天牛 *Menesia sulphurata*

密点白条天牛 *Batocera lineolata*

三脊坡天牛 *Pterolophia (Pterolophia) granulata*

多带天牛 *Polyzonus fasciatus*

栗肿角天牛 *Neocerambyx raddei*

鞘翅目

天牛科 | Cerambycidae

四点象天牛 *Mesosa (Mesosa) myops*

项山晦带方额天牛 *Rondibilis horiensis hongshana*

中华蜡天牛 *Ceresium sinicum sinicum*

方额天牛 *Rondibilis sp*

毛象天牛 *Mesosa (Perimesosa) hirsuta*

韩国缝角天牛 *Ropica coreana*

鞘翅目

天牛科 Cerambycidae

蓝丽天牛 *Rosalia (Rosalia) coelestis*

束翅小薪天牛 *Phytoecia (Cinctophytoecia) cinctipennis*

暗翅筒天牛 *Oberea (Oberea) fuscipennis*

双条杉天牛 *Semanotus (Compsidia) bilineatocollis*

宝鸡日修天牛 *Niponostenostola lineata*

鞘翅目

天牛科 | Cerambycidae

双斑锦天牛 *Acalolepta sublusca*

粒翅天牛 *Lamiomimus gottschei*

小灰长角天牛 *Acanthocinus (Acanthocinus) griseus*

云杉小墨天牛 *Monochamus (Monochamus) sutor longulus*

中华裸角天牛 *Aegosoma sinicum*

Cerambycidae 天牛科

帽斑紫天牛 *Purpuricenus lituratus*

台湾狭天牛 *Stenhomalus taiwanus*

梗天牛 *Arhopalus rusticus*

椭圆斑天牛 *Paraglenea solvta*

幽天牛 *Asemum striatum*

鞘翅目

象甲科 | Curculionidae

体长 1~60 mm，长形，体表多被鳞片；头及喙延长，弯曲；喙的中间及端部之间具触角沟；触角 11 节，膝状，分柄节、索节和棒三部分；胸部较鞘翅窄，两侧较圆；鞘翅长，端部具翅坡，多盖及腹端；跗节 5-5-5 式，第三节呈双叶状，第四节小，位于其间。

圆筒筒喙象 *Lixus fukienensis*

甜菜筒喙象 *Lixus subtilis*

油菜筒喙象 *Lixus ochraceus*

Curculionidae 象甲科

黑直喙象 *Rhinoncus* sp.

淡褐圆筒象 *Cyrtepistomus castaneus*

口鳞尖筒象 *Lepidepistomodes* sp.

口鳞尖筒象 *Lepidepistomodes* sp.

假尖筒象 *Nothomyllocerus* sp.

长颚象 *Eugnathus* sp.

鞘翅目

象甲科 — Curculionidae

杨黄星象 *Lepyrus japonicus*

漏芦菊花象 *Larinus scabrirostris*

大菊花象 *Larinus griseopilosus*

玫瑰花象 *Anthonomus terreus*

大粒象 *Adosomus melogrammus*

Curculionidae 象甲科

柞栎象 *Curculio dentipes*

臭椿沟眶象 *Eucryptorrhynchus brandti*

沟胸龟象 *Cardipennis sulcithorax*

三纹 *Tropideres sp.*

白斑长角象 *Platystomos sellatus*

鞘翅目

象甲科 — Curculionidae

西伯利亚绿象 *Chlorophanus sibiricus*

宽肩象 *Ectatorrhinus adamsi pascoe*

中华长毛象 *Enaptorhinus sinensis*

松树皮象 *Hylobius haroldi*

糙凹额象 *Episomus* sp.

象甲科 Curculionidae

橡实剪枝象 *Cyllorhynchites ursulus*

稻水象甲 *Lissorhoptrus oryzophilus*

赵春明 摄

赵春明 摄

方格毛目象 *Hoplapoderus tessellatus*

黄斑船象 *Anthinobaris dispilota*

黑斜纹象 *Lepyrus declivis*

黑白象 *Curculio distinguendus*

鞘翅目

象甲科 — Curculionidae

小眼象 *Eumyllocerus* sp.

遮眼象 *Pseudocneorhinus* sp.

象虫 *Curculio* sp.

象虫 *Curculio* sp.

舫象 *Dorytomus* sp.

舫象 *Dorytomus* sp.

鞘翅目

Curculionidae 象甲科

球象 *Cioues* sp.

灰象 *Sympiezomias* sp.

隹胫象 *Scirahoshizo* sp.

梨象 *Rhynchites foveipennis*

叶象 *Hypera* sp.

根瘤象 *Sitona* sp.

鞘翅目

卷象科 | Attelabidae

体长 1.5~8 mm；体长形，体背不覆鳞片；体色鲜艳具光泽；头及喙前伸；触角不呈膝状；前胸明显窄于鞘翅，端部收狭，两侧较圆；鞘翅宽短，两侧平行，盖及腹端；前足基节大，强烈隆突；各足腿节膨大，胫节弯曲；跗节 5-5-5 式，第三节呈双叶状，第四节小，位于其间。

榆锐卷象 *Tomapoderus ruficollis*

朴圆斑卷象 *Paroplapoderus turbidus*

圆斑卷象 *Agomadaranus semiannulatus*

Attelabidae 卷象科

栎长颈象 *Paracycnotrachelus chinensis*

大须喙象 *Heterolabus giganteus*

长颊短尖象 *Compsapoderus erythropterus*

榛卷象 *Apoderus coryli*

卷象 *Attelabus* sp.

鞘翅目

卷象科 　　　　　　　　　　　　　　　　　　　　　　　　　　　Attelabidae

苹果卷叶象 *Byctiscus princeps*

金象 *Byctiscus* sp.

金象 *Byctiscus* sp.

金象 *Byctiscus* sp.

霜象 *Eugnamptus* sp.

Diptera 双翅目

蚜蝇科 黑颜寻巨蚜蝇 *Allobaccha apicalis*

双翅目

大蚊科 | Tipulidae

体小型至大型；头端部延伸成喙；口器位于喙的末端，较短小；复眼通常明显，无单眼；触角呈长丝状，有时呈锯齿状或栉状；中胸背板有"V"形的盾间缝；足很细长；翅狭长，基部较窄，脉多；腹部长，雄性端部一般明显膨大，雌性末端较尖；成虫飞翔一般较慢，基本不取食。

短柄大蚊 *Nephrotoma* sp.

双带偶栉大蚊 *Dictenidia pictipennis pictipennis*

新雅大蚊 *Tipula (Yamatotipula) nova*

小稻大蚊 *Tipula (Yamatotipula) latemarginata latemarginata*

Tipulidae 大蚊科

蜚大蚊 *Tipula* (*Cestolex*) sp.

普大蚊 *Tipula* (*Pterelachisus*) sp.

月大蚊 *Tipula* (*Luratipula*) sp.

尖大蚊 *Tipula* (*Acutipula*) sp.

尖头大蚊 *Brithura* sp.

奇栉大蚊 *Tanyptera* sp.

双翅目

沼大蚊科　Limoniidae

体小型至中型，个别种类为大型；喙短，无鼻突；触角14~16节；大多数种类幼虫取食腐植质、藻类等，少数种类为捕食性。

栉形大蚊 *Rhipidia* sp.

烛大蚊科　Cylindrotomidae

体中型至大型；喙短，无鼻突；触角16节；前翅亚前缘脉（Sc）末端常游离，前肘脉（CuA）末端强烈弯向翅缘；腹部较细长；幼虫为植食性，取食苔藓或草本植物等。

烛大蚊 *Cylindrotoma* sp.

窗大蚊科　Pediciidae

体小型至大型；喙短，无鼻突；复眼小眼间具毛；前翅亚前缘脉（Sc）较长，超过径分脉（Rs）分叉点，且横脉sc-r不超过Rs起点；幼虫多生活在溪流中，为捕食性。

窗大蚊 *Pedicia* sp.

双翅目

蚊 科　Culicidae

成虫生活于水边……头、胸及其附肢和腹部（除按蚊亚科外）都具鳞片；口器长喙状，由下唇包围的6根长针状构造……部分种类是最重要的疟疾等虫媒病毒病的传播媒介。

海滨库蚊 *Culex sitiens*

淡色库蚊 *Culex pipiens pallens*

赫坎按蚊 *Anopheles hyrcanus*

仁川伊蚊 *Aedes chemulpoensis*

白纹伊蚊 *Aedes albopictus*

双翅目

蛾蠓科 | Psychodidae

体微小型至小型，多毛或鳞毛；头部小而略扁；复眼左右远离；触角长，与头胸约等长或更长，轮生长毛；胸部粗大而背面隆凸；翅常呈梭形；翅缘和脉上密生细毛，少数还有鳞片；幼虫多为腐食性或粪食性，生活在朽木烂草及土中，有些生活在下水道中。

白斑蛾蠓 *Clogmia albipunctata*

毛蚊科 | Bibionidae

体小型至较大型；触角多短小，念珠状；体粗壮多毛，两性常异型；雄虫头部较圆，复眼大而紧接；雌虫则头较长，复眼小而远离；胸部粗大而背面隆凸；翅发达，透明或色暗；成虫白昼活动，早春就出现；幼虫多为腐食性。

叉毛蚊 *Penthetria* sp.（左雌右雄）

红腹毛蚊 *Bibio rufiventris*（上雌下雄）

毛蚊 *Bibio* sp.（雌）

毛蚊 *Bibio* sp.（雌）

虻 科 Tabanidae

体粗壮。体长 5~26 mm。头部半球形，一般宽于胸部；雄虫为接眼式，雌虫为离眼式；活虫复眼有各种美丽的颜色和斑纹；触角 3 节，鞭节端部分 2~7 个小环节；口器为刮舐式，具有大的唇瓣；具有发达的中垫；翅多数透明，有的有斑纹；翅中央具长六边形的中室；腹部外表可见 7 节；成虫雄性上颚退化，不吸血，只吸取植物汁液；雌虫不仅吸取植物汁液，多数喜吸血作为能量来源。

黄虻 *Atylotus* sp.

塔氏麻虻 *Hematopota tamerlani*

瘤虻 *Hybomitra* sp.

黄虻 *Atylotus* sp.

虻 *Tabanus* sp.

双翅目

鹬虻科 — Rhagionidae

体小型至中型，体长 2~20 mm；体细长；雄虫复眼一般相接，雌虫复眼宽的分开；翅前缘脉环绕整个翅缘。

金鹬虻 *Chrysopilus* sp.

水虻科 — Stratiomyidae

体小型至大型，体长 2~25 mm；体细长或粗壮；体色鲜艳，有时有蓝色或绿色的金属光泽；头部较宽；触角鞭节分 5~8 亚节，有时末端有一端刺或芒；胸部小盾片有时有 1~4 对刺突；翅上具有明显的五边形中室；翅瓣发达；腹部可见 5~7 节；成虫在地面植被上和森林的边缘较常见，有访花习性。

双斑盾刺水虻 *Oxycera laniger*

Stratiomyidae 水虻科

青翠斑短角水虻 *Odontomyia garatas*

长角水虻 *Stratiomys longicornis*

散毛短角水虻 *Odontomyia hirayamae*

集昆鞍腹水虻 *Clitellaria chikuni*

红斑瘦腹水虻 *Sargus mactans*

双翅目

水虻科 | Stratiomyidae

金黄指突水虻 *Ptecticus aurifer*

红头水虻 *Cephalochrysa* sp.

日本指突水虻 *Ptecticus japonicus*

等额水虻 *Craspedometopon frontale*

日本小丽水虻 *Microchrysa japonica*

| Bombyliidae | 蜂虻科

体小至中型，体长 1~30 mm；大多数种类多毛或鳞片，有的种类外观类似蜜蜂、熊蜂或姬蜂；头部半球形或近球形；雄虫复眼一般接近或相接，雌虫复眼分开；足细长，前足常短细；腹部细长或卵圆形；成虫飞翔能力强，喜光，有访花习性。

北京斑翅蜂虻 *Hemipenthes beijingensis*

斑翅绒蜂虻 *Villa aquila*

斑翅蜂虻 *Hemipenthes* sp.

斑翅蜂虻 *Hemipenthes* sp.

星斑蜂虻 *Bombylius stellatus*

双翅目

蜂虻科 — Bombyliidae

黛白斑蜂虻 *Bombylella nubilosa*

中华驼蜂虻 *Geron sinensis*

雏蜂虻 *Anastoechus* sp.

土耳其庸蜂虻 *Exoprosopa turkestanica*

金毛雏蜂虻 *Anastoechus aurecrinitus*

山鬼袍蜂虻 *Lomatia shanguii*

双翅目

Bombyiidae 蜂虻科

弯斑姬蜂虻 *Systropus curvittatus*

戴云姬蜂虻 *Systropus daiyunshanus*

燕尾姬蜂虻 *Systropus yspilus*

雨蜂虻 *Legnotomyia* sp.

柱蜂虻 *Conophorus* sp.

233

双翅目

长足虻科 — Dolichopodidae

体小型至中型，体长 0.8~9 mm；体一般为金绿色，有发达的鬃；头部多稍宽于胸部，胸背较平；足细长，有发达的鬃；成虫均为捕食性；幼虫多生活在潮湿的沙地或土中，有些为水生。

寡长足虻 *Hercostomus* sp.

寡长足虻 *Hercostomus* sp.

毛瘤长足虻 *Condylostylus* sp.

丽长足虻 *Sciapus* sp.

长足虻 *Dolichopus* sp.

雅长足虻 *Amblypsilopus* sp.

| Platypezicae   扁足蝇科

体小型；触角芒位于触角末端；翅有中室；翅的臀角发达；后足胫节与跗节宽大，雄虫尤其如此。

林扁足蝇 *Lindneromyia* sp.

| Syrphicae   蚜蝇科

体小型至大型；翅中部有1条褶皱状或骨化的两端游离的伪脉，少数种类不明显，极少数种类缺；体色鲜艳明亮，具黄、蓝、绿、铜等色彩的斑纹，外形似蜂；幼虫由于生活习性不同，外形也不同。

钝黑斑眼蚜蝇 *Eristalinus sepulchralis*

亮黑斑眼蚜蝇 *Eristalinus tarsalis*

斑眼蚜蝇 *Eristalinus* sp.

斑眼蚜蝇 *Eristalinus* sp.

双翅目

蚜蝇科　　　　　　　　　　　　　　　　　　　　　　　　　　　　　　Syrphidae

宽带蜂蚜蝇　*Volucella latifasciata*

黄盾蜂蚜蝇　*Volucella pellucens tabanoides*

蜂蚜蝇　*Volucella* sp.

指名黄盾蜂蚜蝇　*Volucella pellucens*

蜂蚜蝇　*Volucella* sp.

蜂蚜蝇　*Volucella* sp.

Syrphidae 蚜蝇科

纤细巴蚜蝇 *Baccha maculata*

紫额异巴蚜蝇 *Allobaccha apicalis*

黄斑缩颜蚜蝇 *Pipiza flavimaculata*

方斑墨蚜蝇 *Melanostoma mellinum*

长尾管蚜蝇 *Eristalis tenax*

双翅目

蚜蝇科 | Syrphidae

狭带条胸蚜蝇 *Helophilus virgatus*

长角蚜蝇 *Chrysotoxum* sp.

鬃胸蚜蝇 *Ferdinandea* sp.

丽颜腰角蚜蝇 *Sphiximorpha bellifacialis*

大斑胸蚜蝇 *Spilomyia suzukii*

斑额突角蚜蝇 *Cericna grahami*

Syrphidae 蚜蝇科

黄短喙蚜蝇 *Rhingia rostrata*  　　大灰优食蚜蝇 *Eupeodes corollae*

黄颜木蚜蝇 *Xylota ignava*  　　细腹食蚜蝇 *Sphaerophoria* sp.

刻点小蚜蝇 *Paragus tibialis*  　　印度细腹食蚜蝇 *Sphaerophoria indiana*

双翅目

沼蝇科 — Sciomyzidae

体小型至中型，体长 1.8~11.5 mm；身体纤细至粗壮；触角常前伸；翅常长于腹，透明或半透明，有的翅面有斑甚至呈网状。

铜色长角沼蝇 *Sepedon aenescens*

鼓翅蝇科 — Sepsidae

体小而狭长，体长 2~12 mm，卵圆形；头部球形或卵圆形；复眼较大；中胸发达；翅膜质透明，翅脉清晰；成虫喜欢伞花形植物，有一定的传粉功能；休息和飞行时两翅均不断来回鼓动，在野外易于辨认。

宽钳鼓翅蝇 *Sepsis latiforceps*

胸廓鼓翅蝇 *Sepsis thoracica*

实蝇科 Tephritidae

体小型至中型；体常有黄、棕、橙、黑等色；触角短，芒着生于背面基部；翅有雾状的斑纹；雌虫产卵器长而突出，3节明显；常立于花间，翅经常展开，并前后扇动；包含许多世界性或地区性检疫害虫，对果蔬生产和国际贸易等构成威胁。

斑翅实蝇 *Tephritis* sp.

大斑光沟实蝇 *Euphranta* (*Rhacochlaena*) *nigrescens*

带巨按实蝇 *Anastrephoides matsumurai*

鬼针长唇实蝇 *Dioxyna bidentis*

摩实蝇 *Morinoetone* sp.

五楔实蝇 *Sphaeniscus atilius*

双翅目

广口蝇科 | Platystomatidae

体多为中型；有单眼；喙短，口孔很大；翅臀室有尖的端角；足部细长；产卵器扁平。

东北广口蝇 *Platystoma mandschuricum*

茎蝇科 | Psilidae

体多为小型；头部及体光滑，有"裸蝇"之称；头部离眼式；单眼三角一般较大；常发现于森林边缘的灌丛中。

单纹长角茎蝇 *Loxocera univittata*

果蝇科 | Drosophilidae

体小型；触角芒一般为羽状；小盾片常裸；翅前缘脉具2缺刻。

黑腹果蝇 *Drosophila melanogaster*

双翅目

Lauxaniidae 缟蝇科

体小型至中型，喙短；胸部突起；小盾片小，不盖住翅和腹部；翅有臀室，臀脉短；足部细长；部分或全部足胫节有端鬃。

同脉缟蝇 *Homoneura* sp.

荫缟蝇 *Sciasminettia* sp.

同脉缟蝇 *Homoneura* sp.

黑缟蝇 *Minettia* sp.

同脉缟蝇 *Homoneura* sp.

黑长角缟蝇 *Melanopachycerina* sp.

双翅目

甲蝇科　　　　celyphidae

体小型至中型；触角芒基部粗或扁平，呈叶状；小盾片发达，除个别属与中胸等长外，均长于中胸，并膨隆成半球形或卵形，常全盖腹部，很像甲虫；翅静止时折叠在小盾片下；腹部极度弯曲，骨化很强。

甲蝇 *Celyphus* sp.

秆蝇科　　　　Chloropidae

体小型；体黑色或黄色有黑斑；复眼大而圆；触角芒细长，有时扁宽类似剑状；中胸背板长大于宽；小盾片短圆至长锥状；足细长，有时后足腿节粗大；翅脉退化，无臀室，前缘脉有1个缺刻，肘脉中部略弯折。

近鬃秆蝇 *Thaumatomyia* sp.

普通瘤秆蝇 *Elachiptera sibirica*

秆蝇 *Chlorops* sp.

秆蝇 *Chlorops* sp.

Calliphoridae 丽蝇科

体中大型，体多呈青色、绿色或黄褐色等，并常具金属光泽；胸部通常无暗色纵条，或有也不甚明显；雄虫眼一般相互靠近，雌虫眼远离；口器发达，舐吸式；触角芒一般长羽状，少数长栉状；胸部从侧面观，外方的一个背后鬃的位置比沟前鬃为低，两者的连线略与背侧片的背缘平行；前胸基腹片及前胸侧板中央凹陷具毛，少数例外；翅侧片具鬃或毛；成虫多喜室外访花，传播花粉，许多种类为住区病和蛆症病原蝇类，幼虫食性广泛，大多为尸食性或粪食性，亦有捕食性或寄生性的。

大头金蝇 *Chrysomya megacephala*

绿蝇 *Lucilia sp.*

Rhiniidae 鼻蝇科

体中型，具青绿色、蓝色、铜色金属光泽，被黄色柔毛；后头背区裸，无粉被；口前缘常呈鼻状突出；幼虫捕食性、寄生性或尸食性，成虫具有访花习性，是重要的传粉昆虫。

Scatophagidae 粪蝇科

体长 3~12 mm；体灰黄色至黑色；小盾片下方裸；无前缘脉刺；成虫大部分为捕食性，捕食许多小蝇或其他昆虫类，部分成虫也为腐食性；幼虫大部分为植食性，有一些种类为腐食性。

不显口鼻蝇 *Stomorhina obsoleta*

黄粪蝇 *Scathophaga stercoraria*

毛翅目 Trichoptera

鱗石蛾科／鱗石蛾 *Lepidostoma* sp.

毛翅目

Stenopsychidae 角石蛾科

体大型。成虫有单眼；下颚须第五节有不清晰的环纹；触角长于前翅；中胸盾片无毛瘤；幼虫生活于湍流中，用碎石块筑坚固的蔽居室，以小昆虫和藻类等为食。

角石蛾 *Stenopsyche* sp.

角石蛾 *Stenopsyche* sp.

Lepidostomatidae 鳞石蛾科

成虫有单眼；触角柄节连同梗节有时长于头长；雄虫下颚须1~3节，形状高度变异，雌虫为正常5节；中胸盾片具1对毛瘤；幼虫多筑可携带细长方柱形巢；生活于低温缓流中。

鳞石蛾 *Lepidostoma* sp.

毛翅目

长角石蛾科　Leptoceridae

成虫缺单眼；触角细长，常为翅长的 2~3 倍；下颚须 5 节；中胸盾片的刚毛排成 2 竖列；前翅狭长；幼虫筑多种形状的可携带巢，石粒质或由植物碎片组成，捕食性或取食藻类。

蓝黑长角石蛾 *Mystacides azureus*

须长角石蛾 *Mystacides* sp.

叉长角石蛾 *Triaenodes* sp.

并脉长角石蛾 *Adicella* sp.

栖长角石蛾 *Oecetis* sp.

毛翅目

Phryganeidae 石蛾科

体大型；成虫具单眼；下颚须雄虫4节，雌虫5节；幼虫巢圆筒形，通常由叶片及树皮碎片组成，排列成螺旋状或不规则形。

亮斑趋石蛾 *Semblis phalaenoides*

Goeridae 瘤石蛾科

成虫体长多在8~15mm；翅及体色棕黄；触角较为粗壮；无单眼；雄虫下颚须2~3节，末节可能发生变形与肥大；雌虫下颚须正常5节；雄虫腹部第六节腹侧具棘状骨片，雌虫为窄骨化边缘；幼虫多栖息于溪流的石头上，取食藻类和有机颗粒，用沙粒筑圆柱形巢，在巢的两侧各具1~2个较大的石头，使巢维持平衡，不易滚动。

瘤石蛾 *Goera* sp.

毛翅目 | Glossosomatidae

舌石蛾科

成虫体长 5~15 mm；翅颜色多为灰黑色；具单眼；雌雄下颚须均为 5 节，第二节膨胀呈球状；幼虫使用沙砾筑可移动巢，巢背侧拱起而腹侧平；多附着于山间激流的石块上。

舌石蛾 *Glossosoma* sp.

Lepidoptera 鳞翅目

凤蝶科 / 德罕琴凤蝶 *Papilio dehaani*

鳞翅目

凤蝶科 | Papilionidae

体多属大型，中型较少；体色彩鲜艳，底色多黑色、黄色或白色，有蓝色、绿色、红色等斑纹；喙发达；前后翅三角形；多数种类后翅具尾突，也有的种类具2条以上的尾突或无尾突；有些种类有季节型和多型现象。

柑橘凤蝶 *Papilio xuthus*

绿带翠凤蝶 *Papilio maackii*

德罕翠凤蝶 *Papilio dehaani*

冰清绢蝶 *Parnassius glacialis*

Papilionidae 凤蝶科

丝带凤蝶 Sericinus montelus（上雄下雌）

鳞翅目

粉蝶科 | Pieridae

体通常为中型或小型，最大的种类翅展达 90 mm；色彩较素淡，一般为白色、黄色和橙色，并常有黑色或红色斑纹；前翅三角形；后翅卵圆形，无尾突；前足发育正常，有两分叉的两爪；不少种类呈性二型；雄性的发香鳞不同的属位于不同的部位：前翅肘脉基部、后翅基角、中室基部，或腹部末端；有些种类有季节型；寄主为十字花科、豆科、白花菜科、蔷薇科等，有的为蔬菜或果树害虫。

酪色绢粉蝶 *Aporia potanini*

东方菜粉蝶 *Pieris candida*

钩粉蝶 *Gonepteryx* sp.

云粉蝶 *Pontia edusa*

北黄粉蝶 *Eurema mandarina*

斑缘豆粉蝶 *Colias erate*

眼蝶科 Satyridae

体小型至中型；头小；下唇须呈毛刷状，端节尖突；翅室内具眼状纹；喜禾本科、莎草科植物。

密纹矍眼蝶 *Ephinephele* sp.

矍眼蝶 *Ephinephele* sp.

华北白眼蝶 *Melanargia epimede*

鳞翅目

眼蝶科 | Satyridae

蛇眼蝶 *Minois dryas*

牧女珍眼蝶 *Coenonympha amaryllis*

爱珍眼蝶 *Coenonympha oedippus*

斗毛眼蝶 *Lasiommata deidamia*

蛱蝶科 Nymphalidae

体多为中型或大型，少数为小型；体色彩鲜艳美丽，花纹相当复杂；少数种类有性二型现象，有的呈季节型；前足相当退化，短小无爪。

老豹蛱蝶 *Argynnis laodice*

绿豹蛱蝶 *Argynnis paphia*

猫蛱蝶 *Timelaea maculate*

鳞翅目

蛱蝶科 — Nymphalidae

大红蛱蝶 *Vanessa indica*

蜘蛱蝶 *Araschnia levana*

小红蛱蝶 *Vanessa cardui*

黄钩蛱蝶 *Polygonia c-aureum*

白钩朱蛱蝶 *Polygonia c-album*

Nymphalidae 蛱蝶科

斑网蛱蝶 *Melitaea didymoides*

菌网蛱蝶 *Melitaea protomedia*

明窗蛱蝶 *Dilipa fenestra*

黑脉蛱蝶 *Hestina assimilis*

拟斑脉蛱蝶 *Hestina persimilis*

鳞翅目

蛱蝶科　　　　　　　　　　　　　　　　　　　　　　　　　　　Nymphalidae

孔雀蛱蝶　*Inachis io*

小环蛱蝶　*Neptis sappho*

细带链环蛱蝶　*Neptis andetria*

单环蛱蝶　*Neptis rivularis*

黄环蛱蝶　*Neptis themis*

Nymphalidae 蛺蝶科

大紫蛺蝶 *charonda*

夜迷蛺蝶 *hymc nycteis*

灿福蛺蝶 *iciana adippe*

柳紫闪蛺蝶 *Apature iris*

鳞翅目

灰蝶科　　　　　　　　　　　　　　　　　　　　　　　　　　Lycaenidae

体小型，极少为中型种类；翅正面常呈红、橙、蓝、绿、紫、翠、古铜等颜色，颜色单纯而有光泽；翅反面的图案与颜色与正面不同，成为分类上的重要特征；复眼互相接近，其周围有一圈白毛；触角短，每节有白色环；雌蝶前足正常；雄蝶前足正常或跗节及爪退化；后翅有时有 1~3 个尾突。

红灰蝶 *Lycaena phlaeas*

蓝灰蝶 *Everes argiades*

鳞翅目

Lycaenidae 灰蝶科

蓝燕灰蝶 *Rapala coerulea*

鳞翅目

灰蝶科 Lycaenidae

诗灰蝶 *Shirozua jonasi*

黑灰蝶 *Niphanda fusca*

艳灰蝶 *Favonius* sp.

曲纹紫灰蝶 *Chilades pandava*

点玄灰蝶 *Tongeia filicaudis*

Lycaenidae 灰蝶科

红珠灰蝶 *Plebejus argyrognomon*

华夏爱灰蝶 *Aricia chinensis*

东北梳灰蝶 *Ahlbergia frivaldszkyi*

优秀洒灰蝶 *Satyrium exima*

鳞翅目

弄蝶科 — Hesperiidae

体小型至中型；颜色多暗，少数为黄色或白色；触角基部互相接近，并常有黑色毛块，端部略粗，末端弯而尖；前翅三角形；幼虫喜食禾本科或豆科植物。

豹弄蝶 *Thymelicus* sp.

黄斑银弄蝶 *Carterocephalus alcinoides*

Hesperiidae | 弄蝶科

鳞翅目

叉带弄蝶 *Lobocla bifasciata*

似小黄弄蝶 *Ochlodes similis*

赭弄蝶 *Ochlodes* sp.

白斑赭弄蝶 *Ochlodes subhyalina*

赭弄蝶 *Ochlodes* sp.

鳞翅目

弄蝶科　　　　　　　　　　　　　　　　　　　　　　　　　　　　　Hesperiidae

黑弄蝶　*Daimio tethys*

谷弄蝶　*Pelopidas* sp.

中华谷弄蝶　*Pelopidas sinensis*

隐纹谷弄蝶　*Pelopidas mathias*

鳞翅目

Hesperiidae 弄蝶科

可伯锷弄蝶 *Aeromachus inachus*

花弄蝶 *Pyrgus maculatus*（上雌下雄）

深山珠弄蝶 *Erynnis montanus*

直纹稻弄蝶 *Parnara guttata*

鳞翅目

长角蛾科　　　　　　　　　　　　　　　　　　　　　　　　　　Adelidae

触角特别长，雄虫的触角常是前翅的3倍，雌虫的触角虽然较短，但也常比前翅稍长；前翅3.5~12 mm；国内常见的都是白天活动并具金属光泽；幼虫取食枯叶或低等植物。

黄带丽长角蛾 *Nemophora decisella*

散斑丽长角蛾 *Nemophora optima*

双篱丽长角蛾 *Nemophora diplophragma*

Adelidae 长角蛾科

黑白丽长角蛾 *Nemophora askoldella*

戴氏丽长角蛾 *Nemophora divina*

灰褐丽长角蛾 *Nemophora raddei*

丽长角蛾 *Nemophora* sp.

丽长角蛾 *Nemophora* sp.

鳞翅目

长角蛾科 ———————————————————————— Adelidae

长角蛾 *Adela* sp.

网长角蛾 *Nematopogon* sp.

长角蛾 *Adela* sp.

冠潜蛾科 ———————————————————————— Tischeriidae

体小型，一般翅展 5~11 mm；触角一般与前翅等长，其毛形感觉器呈鞭毛状，弯曲；前翅灰白色或淡黄色、青铜色、暗灰色或浅黑色。

板栗冠潜蛾 *Tischeria quercifolia*

斑蛾科 Zygaenidae

体小型至中型；色彩鲜艳；绝大多数白天活动；有喙；翅多有金属光泽，少数暗淡；有些种类后翅有尾突，呈燕尾状。

竹小斑蛾 *Artona funeralis*

大叶黄杨长毛斑蛾 *Pryeria sinica*

梨叶斑蛾 *Illiberis pruni*

马尾松鹿蛾 *Amata martini*

亮翅鹿斑蛾 *Illiberis translucida*

鳞翅目

刺蛾科　　　　　　　　　　　　　　　　　　　　　　　　　　　Limacodidae

单眼与毛隆缺失；喙退化或消失；雄虫触角通常呈双栉齿状，至少基部 1/3~1/2 如此，雌虫简单；翅通常短，阔而圆。

中国扁刺蛾 *Thosea sinensis*

赭眉刺蛾 *Narosa ochracea*

新扁刺蛾 *Neothosea suigensis*

长腹凯刺蛾 *Caissa longisaccula*

窄缘绿刺蛾 *Parasa consocia*

黄刺蛾 *Monema flavescens*

鳞翅目

Tineidae —— 谷蛾科

体小型；体色常暗，偶有艳丽的色彩；头通常被粗鳞毛；无单眼；触角柄节常有栉毛；下颚须长，5节；下唇须平伸，第二节常有侧鬃；后足胫节被长毛；翅脉分离，后翅窄。

谷蛾 *Crypsithyris* sp.

Scythrididae —— 绢蛾科

体小型；常色暗，有时灰色；翅窄；腹部宽，特别是雌蛾；有些无飞行能力；休止时翅下垂；成虫常白天活动，但热带和亚热带的种类常夜间活动；幼虫通常结网取食芽或叶，但也有潜叶或缀叶的。

中华绢蛾 *Scythris sinensis*

绢蛾 *Scythris* sp.

绢蛾 *Scythris* sp.

绢蛾 *Scythris* sp.

鳞翅目

麦蛾科 | Gelechiidae

头顶通常平滑；单眼通常存在，较小；触角简单，线状，雄性常有短纤毛，两节一般无栉；下颚须 4 节，折叠在喙基部之上；下唇须 3 节，细长，第二节常加厚，具毛簇及粗鳞片；前翅广披针形；后翅顶角凸出，外缘弯曲成内凹。

棕麦蛾 *Dichomeris* sp.

棕麦蛾 *Dichomeris* sp.

棕麦蛾 *Dichomeris* sp.

| Pterophoridae | 羽蛾科

本科小型；前翅常深裂为2~3片，但有时完整；后翅分为3片，有时也完整；腹部常细长；停栖时呈"T"形。

筱羽蛾 *Stenodacma* sp.

小指脉羽蛾 *Adaina microdactyla*

佳拦盖羽蛾 *Capperia jozana*

钝羽蛾 *Amblyptilia* sp.

鳞翅目

列蛾科 | Autostichidae

体小型至中型；下唇须发达；触角短于前翅；前翅1A脉存在，有时缺R_5脉；后翅端部圆或略突出。

列蛾 *Autosticha* sp.

带列蛾 *Periacma* sp.

银蛾科 | Argyresthiidae

翅狭长；体斜上翘；前翅具金银光泽的斑纹；头具丛毛。

桦银蛾 *Argyresthia brockeella*

Cosmopterigidae 尖蛾科

体微小型至小型；常有鲜艳的色彩；喙发达；触角与前翅等长或相当于其3/4；下唇须上举，末节细长而尖；前翅细长，披针形；后翅较前翅窄，披针形或线状。

白缘星尖蛾 *Bacaliaeshikii amurella*

黑目尖蛾 *Labdia rhosticta*

拟伪尖蛾 *Cosmopterix crassicervicella*

Xyloryctidae 木蛾科

体小型至中型；头具光骨鳞片；通常无单眼；下颚须4节，有些种类退化仅2~3节；下唇须3节，强烈弯曲，一般长而纤细，偶尔特短；雄性触角通常为双栉齿状，柄节无栉；喙基具鳞片；后翅与前翅等宽或宽于前翅；幼虫常蛀食果实、种子、树皮及花。

绢鸠蛾 *Scythropiodes* sp.

鳞翅目

秦皇岛昆虫生态图鉴

织蛾科　　　　　　　　　　　　　　　　　　　　　　　　　　　Oecophoridae

体小型至中型；体色多为褐色；触角短，达前翅的 3/5，柄节通常有栉；下唇须长，上举，超过头顶；前翅阔，顶角钝圆；后翅宽，顶角圆，有的雌蛾翅退化或无翅；幼虫筑巢、缀叶、卷叶或在植物组织内为害，取食死的动植物、真菌或高等植物的叶、花或种子。

艳展足蛾 *Atkinsonia* sp.

核桃展足蛾 *Atrijuglans hetaohei*

桃展足蛾 *Stathmopoda auriferella*

Oecophoridae 织蛾科

点线锦织蛾 *Promalactis suzukiella*

黑缘酪织蛾 *Tyrolimnas anthraconesa*

红锦织蛾 *Promalactis rubra*

远东丽织蛾 *Epascestria corculidella*

锦织蛾 *Promalactis* sp.

鳞翅目

透翅蛾科 | Sesiidae

　　体小型至中型；前翅狭长，通常有无鳞片的透明区，极似蜂类；头后缘有1列"毛隆"；单眼大；触角端部在生刚毛的尖端之前常膨大，有时呈线状、栉状或双栉状；部分种类具扇状臀毛簇；白天活动，色彩鲜艳；幼虫主要蛀食树干、树枝、树根或草本植物的茎和根。

喙司透翅蛾 *Sphecodptera rhynchioides*

罗格透翅蛾 *Glossosphecia romanovi*

板栗兴透翅蛾 *Synanthedon castanevora*

赤胫羽透翅蛾 *Pennisetia fixseni*

柿兴透翅蛾 *Synanthedon tenuis*

疏脉透翅蛾 *Oligophlebia* sp.

鳞翅目

Sesiidae 透翅蛾科

红叶兴透翅蛾 *Synanthedon hergye*　　苹果兴透翅蛾 *Synanthedon hector* 　　津兴透翅蛾 *Synanthedon unocingulata*

金荏透翅蛾 *Nokona aurivena* 　　赛纹透翅蛾 *Bembecia sareptana*

鳞翅目

巢蛾科 — Yponomeutidae

体小型至中型，翅展 12~25 mm；下唇须上举，末端尖；前翅稍阔，接近顶部呈三角形；后翅长卵形或披针形；前翅常有鲜艳斑纹。

巢蛾 *Yponomeuta* sp.

菜蛾科 — Plutellidae

体小型；触角休止时向前伸；下颚须小，向前伸；前后翅的缘毛有时发达并向后伸，休止时突出如鸡尾状；前翅有时有浅色斑；幼虫潜叶或钻蛀。

小菜蛾 *Plutella xylostella*

Lecithoceridae | 祝蛾科

体小型至中型；无单眼；触角通常等于或长于前翅，雄蛾的触角基部常加粗；下唇须上举，下颚须4节；前翅常为黄褐色、黄色、奶油色或灰色，一些种类具金属光泽，许多种类完全无花纹。

三角祝蛾 *Lecithocera* sp.

Cossidae | 木蠹蛾科

体小至至大型；一般翅为灰色或褐色，有时奶油色；触角通常为双栉状，否则为单栉状或线状；喙非常短或缺，翅脉几乎完整；腹部长，体粗壮，常含大量脂肪。

多斑豹蠹蛾 *Zeuzera multistrigata*

小线角木蠹蛾 *Holcocerus insularis*

榆木蠹蛾 *Holcocerus vicarius*

鳞翅目

卷蛾科　　　　　　　　　　　　　　　　　　　　　　　　　　　　　　　　Tortricidae

体小型至中型；绝大多数种类色暗，少数颜色鲜明；头通常粗糙；单眼常有；触角一般线状，但偶尔栉状，雄虫触角基部有的具切刻或膨大变扁；前后翅大约等宽；前翅的形状变异很大，有时同一种的雌雄间也有差异；雄虫的前后翅都可能有与发香有关的褶区。

松实小卷蛾 *Retinia cristata* 　　　　　　　　　草小卷蛾 *Celypha flavipalpana*

粗刺筒小卷蛾 *Rhopalovalva catharotorna* 　　　银实小卷蛾 *Retinia coeruleostriana*

梅花小卷蛾 *Olethreutes dolosana* 　　　　　　枣镰翅小卷蛾 *Ancylis sativa*

Tortricidae 卷蛾科

草莓镰翅小卷蛾 *Ancylis comptana* 　　栎小卷蛾 *Olethreutes captiosana*

斜纹小卷蛾 *Andrioplecta* sp. 　　筒小卷蛾 *Rhopalovalva grapholitana*

香草小卷蛾 *Celypha cespitana* 　　松梢小卷蛾 *Rhyacionia pinicolana*

白菊小卷蛾 *Epiblema foenella* 　　溲疏新小卷蛾 *Olethreutes electana*

鳞翅目

卷蛾科 — Tortricidae

新小卷蛾 *Olethreutes* sp.

后黄卷蛾 *Archips asiaticus*

落黄卷蛾 *Archips issikii*

苹黄卷蛾 *Archips ingentanus*

隐黄卷蛾 *Archips arcanus*

黄卷蛾 *Archips* sp.

黄卷蛾 *Archips* sp.

鳞翅目

Pyralidae ———— 螟蛾科

长喙彩丛螟 *Lista haraldusalis* 　　酒红须丛螟 *Jocara vinotinctalis*

萼叶瘿丛螟 *Orthaga achatina* 　　并脉歧角螟 *Endotricha kuznetzovi*

歧角螟 *Endotricha* sp. 　　印度谷螟 *Plodia interpunctella*

赵春明 摄

293

鳞翅目

螟蛾科 — Pyralidae

双色云斑螟 *Nephopterix bicolorella*

阴翅斑螟 *Sciota* sp.

红云翅斑螟 *Oncocera semirubella*

豆荚斑螟 *Etiella zinckenella*

梢斑螟 *Dioryctria* sp.

艳双点螟 *Orybina regalis*

金黄螟 *Pyralis regalis*

褐巢螟 *Hypsopygia regina*

鳞翅目

草螟科 Crambidae

大部风一看与螟蛾科种类极为近似，难以区分；主要区别在翅脉、鼓膜、外生殖器的形态等。

黄斑全翅野螟 *Pehirnena phryganalis*

白点黑翅野螟 *Heliothela nigralbata*

黄香薄翅野螟 *Evergestis extimalis*

双斑薄翅野螟 *Evergestis junctalis*

鳞翅目

草螟科 | Crambidae

艾锥额野螟 *Loxostege aeruginalis*

褐钝额野螟 *Opsibotya fuscalis*

白蜡绢须野螟 *Palpita nigropunctalis*

白桦角须野螟 *Agrotera nemoralis*

齿纹卷叶野螟 *Syllepte invalidalis*

扶桑大卷叶野螟 *Notarcha quaternalis*

黑斑蚀叶野螟 *Lamprosema sibirialis*

三纹啮叶野螟 *Omiodes tristrialis*

Crambidae 草螟科

甜菜白带野螟 *Spoladea recurvalis*

红黄野螟 *Pyrausta tithonialis*

斑点野螟 *Pyrausta nipunctata*

蚪纹野螟 *Pyrausta mutuurai*

长须曲角野螟 *Camptomastix hisbonalis*

瓜绢野螟 *Diaphania indica*

麦牧野螟 *Nomophila noctuella*

黄杨绢野螟 *Diaphania perspectalis*

鳞翅目

草螟科 | Crambidae

三条扇野螟 *Pleuroptya chlorophanta*

四斑扇野螟 *Pleuroptya quadrimaculalis*

三环狭野螟 *Mabra charonialis*

四斑绢丝野螟 *Glyphodes quadrimaculalis*

贯众伸喙野螟 *Mecyna gracilis*

楸蠹野螟 *Sinomphisa plagialis*

棉褐环野螟 *Haritalodes derogata*

红缘须歧野螟 *Trichophysetis rufoterminalis*

Crambidae 草螟科

艾氏魔野螟 *Cotachena alysoni*

旱柳原野螟 *Euclasta stoetzneri*

乳翅卷野螟 *Pycnarmon lactiferalis*

豆荚野螟 *Maruca vitrata*

秆野螟 *Ostrinia* sp.

秆野螟 *Ostrinia* sp.

桃蛀螟 *Conogethes punctiferalis*

菜螟 *Hellula undalis*

鳞翅目

草螟科　　　　　　　　　　　　　　　　　　　　　　　　　　　Crambidae

洁波水螟 *Paracymoriza prodigalis*

棉塘水螟 *Elophila interruptalis*

金双带草螟 *Miyakea raddeellus*

黄草螟 *Flavocrambus* sp.

纯白草螟 *Pseudocatharylla simplex*

银光草螟 *Crambus perellus*

黄纹银草螟 *Pseudargyria interruptella*

网蛾科 Thyridae

小中型至中型；翅宽，通常前后翅都有类似的网状斑，有些种类翅上有明显的透明斑；翅色常为褐色至红褐色，带有眼光或金光；单眼很少存在，无毛隆；额有时扩大呈一明显的凸起；喙常退化；下唇须通常3节，偶有2节；成虫夜止时身体高举，翅展开，很特殊；幼虫蛀茎、卷叶或缀叶，有的形成虫瘿。

黑斑网蛾 *Canycie bicolor*

梯斜线网蛾 *Strigina scalata*

尖尾网蛾 *Thyris fenestrella*

鳞翅目

大蚕蛾科 | Saturniidae

　　体多大型，翅展一般在 100~140 mm，但最小的只有 65 mm 左右，最大的可达 210 mm；触角宽大呈羽枝状（双栉齿状），除末端几节外，自上而下各鞭节均呈双栉枝状，雌虫的栉枝短于雄虫；喙退化；下唇须一般短小，多向上方直伸，上面有较粗的密集毛；翅宽大，中室端部一般都有不同形状的眼形斑或月牙形纹；前翅顶角大多向外突出；后翅肩角发达；有些种类的后翅臀角延伸呈飘带状。

宁波尾大蚕蛾 *Actias ningpoana*

樗蚕 *Samia cynthia*

Brahmaeidae 箩纹蛾科

体中型至中大型；翅宽，翅色浓厚，有许多箩筐条纹或波状纹，亚缘有1列眼斑；触角两性均双栉状；喙发达；下唇须长，上举。

黄褐箩纹蛾 *Brahmaea certhia*

Bombycidae 蚕蛾科

体中型；喙退之；下唇须3节，第二节最长；触角大多为双栉羽状，外侧羽长于内侧枝状羽，雄虫栉枝明显长于雌虫，有些种类雄虫触角基半为双栉形，上半栉齿状，雌虫则为单栉齿形；翅宽大，一般前翅顶角稍外突呈钝圆形，也有些种类外突较长并向下稍弯呈钩状；后翅后缘中部一般稍内陷呈圆弧形，近臀角处有半月形双色斑；有些种的臀角稍延长似耳形。

单点翅蚕蛾 *Oberthueria faicigera*

鳞翅目

枯叶蛾科　　　　　　　　　　　　　　　　　　　　　　　　　　　Lasiocampidae

体中型至大型，粗壮；被厚毛，后翅肩区发达；静止时形似枯叶状；触角在两性中均为双栉齿状；喙退化或缺；下唇须小到大，常前伸或上举；雌虫腹末常有毛丛；有的雌虫属短翅型，性二型现象明显；幼虫大多取食树木叶片，经常造成严重危害。

东北栎枯叶蛾 *Paralebeda femorata*

油松毛虫 *Dendrolimus tabulaeformis*

杨枯叶蛾 *Gastropacha populifolia*

苹果枯叶蛾 *Odonestis pruni*

尺蛾科 Geometridae

体小型至大型，通常为中型；体一般细长；翅宽，常有细波纹，少数种类雌蛾翅退化或消失；通常无单眼，毛隆有；喙发达；幼虫寄主植物广泛，但通常取食树木和灌木的叶片。

暮尺蛾 *Pycomera roboraria*

利剑锋尺蛾 *Gagitodes sagittata*

双斜线尺蛾 *Megaspilates mundataria*

红黑纹尺蛾 *Venusia nigriflava*

苹烟尺蛾 *Phthonosema tendinosaria*

鳞翅目

尺蛾科　　　　　　　　　　　　　　　　　　　　　　　　　　　　Geometridae

古波尺蛾 *Palaeomystis falcataria*

凸翅小蛊尺蛾 *Microcalicha melanosticta*

尾尺蛾 *Ourapteryx* sp.

刺槐外斑尺蛾 *Ectropis excellens*

紫线尺蛾 *Timandra* sp.

丝棉木金星尺蛾 *Abraxas suspecta*

紫线尺蛾 *Timandra* sp.

Geometridae 尺蛾科

云豹粒洄尺蛾 *Cartographa fabiolaria*

虚俭尺蛾 *Spilopera debilis*

焦边尺蛾 *Bizia aexaria*

叉束严尺蛾 *Fylaroceles stegnioides*

织锦尺蛾龙潭亚种 *Heterostegane cararia lungtanensis*

苍水尺蛾 *Hydrelia nisaria*

青辐射尺蛾 *Iotaphora admirabilis*

鳞翅目

尺蛾科　　　　　　　　　　　　　　　　　　　　　　　　　　　　　Geometridae

岩尺蛾 *Scopula* sp.

岩尺蛾 *Scopula* sp.

岩尺蛾 *Scopula* sp.

紫带姬尺蛾 *Idaea impexa*

叉线卑尺蛾 *Endropiodes abjecta*

佳眼尺蛾 *Problepsis eucircota*

雨尺蛾 *Chiasmia pluviata*

锯线烟尺蛾 *Phthonosema serratilinearia*

鳞翅目

Geometridae 尺蛾科

核桃四星尺蛾 *Ophthalmitis albosignaria*

橙黄线尺蛾 *Scardamia aurantiacaria*

乌苏里雪纹折线尺蛾 *Ecliptopera umbrosaria phaedropa*

北方甜黑点尺蛾 *Xenortholitha propinguata suavata*

醋栗尺蛾 *Abraxas grossulariata*

鳞翅目

尺蛾科 — Geometridae

小周尺蛾 *Perizoma parvaria*

小秋黄尺蛾 *Ennomos infidelis*

灰边白沙尺蛾 *Cabera griseolimbata*

葎草洲尺蛾 *Epirrhoe supergressa albigressa*

夹鹿尺蛾 *Alcis castigataria*

黑岛尺蛾东北亚种 *Melanthia procellata inexpectata*

大造桥虫 *Ascotis selenaria*

鳞翅目
Geometridae 尺蛾科

缘点尺蛾 *Lomaspilis marginata*

紫斑绿尺蛾 *Comibaena nigromacularia*

亚肾纹绿尺蛾 *Comibaena subprocumbaria*

萝藦艳青尺蛾 *Agathia carissima*

中国枯叶尺蛾 *Gandaritis sacraria sinicaria*

淡网尺蛾四川亚种 *Laciniodes denigrata abiens*

雀庭尺蛾 *Hypoxystis pulcheraria*

赞青尺蛾 *Xenozancla versicolor*

鳞翅目

尺蛾科 — Geometridae

斧木纹尺蛾 *Plagodis dolabraria*

流纹尺蛾 *Eulithis ledereri ledereri*

格奇尺蛾 *Chiasmia hebesata*

桦尺蛾 *Biston betularia*

槐尺蠖 *Chiasmia cinerearia*

暗幽尺蛾 *Gnophos creperaria*

李尺蛾 *Angerona prunaria*

枯黄贡尺蛾 *Odontopera arida*

Geometridae 尺蛾科

毛足姬尺蛾 *Idaea biselata*

泼墨尺蛾 *Ninodes splendens*

浅墨尺蛾 *Ninodes albarius*

小红姬尺蛾 *Idaea muricata*

仿锈腰尺蛾 *Chlorissa* sp.

中华鳖尺蛾 *Egdia sinica*

角顶尺蛾 *Phthonandria emaria*

鳞翅目

尺蛾科　　　　　　　　　　　　　　　　　　　　　　　　　　　　　　Geometridae

木橑尺蛾 *Biston panterinaria panterinaria*

双角尺蛾 *Carige cruciplaga cruciplaga*

双云尺蛾 *Biston regalis comitata*

四川束大轭尺蛾 *Physetobasis dentifascia mandarinaria*

碎木纹尺蛾 *Plagodis pulveraria*

小灰粉尺蛾 *Pingasa pseudoterpnaria pseudoterpnaria*

榛金星尺蛾 *Abraxas sylvata*

榆津尺蛾 *Astegania honesta*

Uraniidae 燕蛾科

斜线燕蛾 *Acropteris iphiata*

从外观上可分为大燕蛾和小燕蛾两大类；大燕蛾包括那些具有观赏性的美丽多彩的日出性蛾子，其后翅有明显的尾突，有时它们常被误认为凤蝶；小燕蛾则是夜出性而不具彩虹色的蛾子，其后翅有小而尖的尾突。

Epicopeiidae 凤蛾科

榆凤蛾 *Epicopeia mencia*

外形类似凤蝶；喙发达；触角双栉状；成虫头部后方能分泌一种黄色黏液，受干扰时排出，用以防卫。

鳞翅目

钩蛾科 | Drepanidae

体中型至大型；前翅顶角通常呈钩状，也有不少种类并非如此；休息时触角通常置于前翅之下；幼虫为外部取食者，大多是林木、果树及农作物的害虫。

古钩蛾 *Sabra harpagula*

闪豆斑钩蛾 *Auzata amaryssa*

栎距钩蛾 *Agnidra scabiosa fixseni*

Drepanidae 钩蛾科

网卑钩蛾 *Betalbara acuminata*

三线钩蛾 *Pseudalbara parvula*

日本线钩蛾 *Nordstromia japonica*

太波纹蛾 *Tethea ocularis*

鳞翅目

天蛾科 | Sphingidae

体粗壮，纺锤形，末端尖；头较大；无单眼；喙发达，常很长；触角线状，偶尔双栉状，中端部常加粗，末端弯曲呈小钩状；下唇须上举，紧贴头部；前翅狭长，顶角尖锐，外缘倾斜，一般颜色较鲜艳；后翅较小，近三角形，色较暗，被有厚鳞。

盾天蛾 *Phyllosphingia dissimilis dissimilis*

丁香天蛾 *Psilogramma increta*

白须天蛾 *Kentrochrysalis sieversi*

枣桃六点天蛾 *Marumba gaschkewitschii*

黄脉天蛾 *Laothoe amurensis*

Sphingidae | 天蛾科

核桃鹰翅天蛾 *Ambulyx schauffelbergeri*

葡萄缺角天蛾 *Acosmeryx naga naga*

葡萄天蛾 *Ampelophaga rubiginosa rubiginosa*

白肩天蛾 *Rhagastis mongoliana*

松黑天蛾 *Sphinx caligineus sinicus*

红天蛾 *Deilephila elpenor*

鳞翅目

天蛾科　　　　　　　　　　　　　　　　　　　　　　　　　　　Sphingidae

榆绿天蛾　*Callambulyx tatarinovii tatarinovii*

条背天蛾　*Cechenena lineosa*

红节天蛾　*Sphinx ligustri*

小豆长喙天蛾　*Macroglossum stellatarum*

青背长喙天蛾　*Macroglossum bombylans*

Noctuidae 夜蛾科

体中型至大型；喙多发达；下唇须普遍存在，前伸或上举，少数向上弯曲至后胸；多有单眼；触角大多为线形或锯齿形，有时呈栉状；体色一般较灰暗，热带和亚热带地区常有色泽鲜艳的种类；幼虫植食性，有时肉食性，少数粪食性。

艳修虎蛾 *Sarbanissa venusta*

奚毛胫夜蛾 *Mocis ancilla*

银斑砌石夜蛾 *Gabala argentata*

白戚夜蛾 *Stenbergmania albomaculalis*

戚夜蛾 *Paragabara flavomacula*

鳞翅目

夜蛾科　Noctuidae

缤夜蛾　*Moma alpium*

殿夜蛾　*Pygopteryx suava*

乏夜蛾　*Niphonyx segregata*

涓夜蛾　*Rivula sericealis*

矛夜蛾　*Spaelotis ravida*

饰夜蛾　*Pseudoips prasinana*

Noctuidae 夜蛾科

霜夜蛾 *Gelastocera exusta*

洼夜蛾 *Balsa leodura*

焰夜蛾 *Pyrrhia umbra*

乌夜蛾 *Melanchra persicariae*

瑕夜蛾 *Sinochcris korbae*

井夜蛾 *Dysmilichia gemella*

鳞翅目

夜蛾科　　　　　　　　　　　　　　　　　　　　　　　Noctuidae

标瑙夜蛾 *Maliattha signifera* 　　　　　平嘴壶夜蛾 *Calyptra lata*

粉条巧夜蛾 *Oruza divisa* 　　　　　　　亚奇巧夜蛾 *Oruza submirella*

拟弓须亥夜蛾 *Hydrillodes pacificus* 　　　阴亥夜蛾 *Hydrillodes morosa*

弓暗巾夜蛾 *Bastilla arcuata* 　　　　　　东北巾夜蛾 *Dysgonia mandschuriana*

Noctuidae　　　　　　　　　　　　　　　　　　　　　　　　　　　夜蛾科

豆髯须夜蛾　*Hypena tristalis* 　　　　　　　　齐髯须夜蛾　*Hypena zilla*

扁镰须夜蛾　*Zanclognatha tarsipennalis* 　　　镰须夜蛾　*Zanclognatha lunalis*

窄肾镰须夜蛾　*Zanclognatha fumosa* 　　　　枥长须夜蛾　*Herminia grisealis*

赭黄长须夜蛾　*Herminia arenosa* 　　　　　　窄肾长须夜蛾　*Herminia stramentacealis*

鳞翅目

夜蛾科 — Noctuidae

绿纬夜蛾 *Atrachea alpherakyi*

胞短栉夜蛾 *Brevipecten consanguis*

中桥夜蛾 *Gonitis mesogona*

星狄夜蛾 *Diomea cremata*

纯肖金夜蛾 *Plusiodonta casta*

瘦银锭夜蛾 *Macdunnoughia confuse*

黑斑流夜蛾 *Chytonix albonotata*

洁口夜蛾 *Rhynchina cramboides*

Noctuidae 夜蛾科

褐纹鲁夜蛾 *Xestia fuscostigma*

光剑纹夜蛾 *Acronicta adaucta*

童剑纹夜蛾 *Acronicta bellula*

白线散纹夜蛾 *Callopistria albolineola*

银纹夜蛾 *Ctenoplusia agnata*

淡银纹夜蛾 *Macdunnoughia purissima*

干纹夜蛾 *Staurophora celsia*

红晕散纹夜蛾 *Callopistria repleta*

鳞翅目

夜蛾科 | Noctuidae

鹏灰夜蛾 *Polia goliath*

褐灰角衣夜蛾 *Gonepatica opalina*

两色绮夜蛾 *Acontia bicolora*

洼皮夜蛾 *Nolathripa lactaria*

谐绮夜蛾 *Acontia trabealis*

红秘夜蛾 *Mythimna rufipennis*

优怒夜蛾 *Iragaodes nobilis*

| Noctuidae | 夜蛾科 |

碧紫金翅夜蛾 *Diachrysia nadeja*

暗翅夜蛾 *Dypterygia caliginosa*

庸肖毛翅夜蛾 *Thyas juno*

变纤翅夜蛾 *Araeopteron amoena*

三线奴夜蛾 *Paracolax trilinealis*

邻奴夜蛾 *Paracolax contigua*

曲线奴夜蛾 *Paracolax tristalis*

弯勒夜蛾 *Laspeyria flexula*

鳞翅目

夜蛾科 | Noctuidae

红尺夜蛾 *Naganoella timandra*

圆点普夜蛾 *Prospalta cyclica*

粉缘钻夜蛾 *Earias pudicana*

钩尾夜蛾 *Eutelia hamulatrix*

基角狼夜蛾 *Dichagyris triangularis*

胡桃豹夜蛾 *Sinna extrema*

明陌夜蛾 *Trachea punkikonis*

女贞首夜蛾 *Craniophora ligustri*

Noctuidae 夜蛾科

丹日明夜蛾 *Sphragifera sigillata*

日月明夜蛾 *Sphragifera biplagiata*

小冠夜蛾 *Lophomilia polybapta*

麦奂夜蛾 *Amphipoea fucosa*

草地贪夜蛾 *Spodoptera frugiperda*

苹眉夜蛾 *Pangrapta obscurata*

黄斑眉夜蛾 *Pangrapta flavomacula*

点眉夜蛾 *Pangrapta vasava*

夜蛾科 Noctuidae

竹孔夜蛾 *Corgatha pygmaea*

白斑孔夜蛾 *Corgatha costimacula*

甜菜夜蛾 *Spodoptera exigua*

梳跗盗夜蛾 *Hadena aberrans*

宽胫夜蛾 *Protoschinia scutosa*

绿孔雀夜蛾 *Nacna malachitis*

野爪集冬夜蛾 *Sympistis campicola*

日美尖冬夜蛾 *Tiliacea japonago*

Noctuidae 夜蛾科

朽木夜蛾 *Axylia putris*

钩白肾夜蛾 *Edessena hamada*

桃红瑙夜蛾 *Maliattha rosacea*

亭俚夜蛾 *Lithacodia gracilior*

苇实夜蛾 *Heliothis adaucta*

大地老虎 *Agrotis tokionis*

棉铃虫 *Helicoverpa armigera*

八字地老虎 *Xestia c-nigrum*

鳞翅目

舟蛾科 Notodontidae

体中至大型；体大多褐色或暗色，少数洁白或其他鲜艳颜色；夜间活动；喙不发达；无下颚须；大多无单眼；触角雄虫常为双栉形；幼虫大多取食阔叶树叶片，有些为害禾本科等植物。

栎掌舟蛾 *Phalera assimilis*

窄掌舟蛾 *Phalera angustipennis*

刺槐掌舟蛾 *Phalera grotei*

苹掌舟蛾 *Phalera flavescens*

榆掌舟蛾 *Phalera takasagoensis*

核桃美舟蛾 *Uropyia meticulodina*

Notodontidae 舟蛾科

仿白边舟蛾 *Paranerice hoenei*

岐怪舟蛾 *Hagapteryx mirabilior*

锈玫舟蛾 *Rosama ornata*

茅莓蚁舟蛾 *Stauropus basalis*

黑蕊舟蛾 *Dudusa sphingiformis*

云舟蛾 *Neopheosia fasciata*

艳金舟蛾 *Spatalia doerriesi*

丽金舟蛾 *Spatalia dives*

鳞翅目

舟蛾科 — Notodontidae

厄内斑舟蛾 *Peridea elzet*

侧带内斑舟蛾 *Peridea lativitta*

杨扇舟蛾 *Clostera anachoreta*

杨剑舟蛾 *Pheosia rimosa*

燕尾舟蛾 *Furcula furcula*

锯齿星舟蛾 *Euhampsonia serratifera*

银二星舟蛾 *Euhampsonia splendida*

黄二星舟蛾 *Euhampsonia cristata*

| Lymantriidae | 毒蛾科 |

无单眼；触角通常双栉状，雄虫栉通常比雌虫栉长；喙极其退化或消失；翅通常阔，但有些种类雌虫的翅强烈退化；雌虫腹末常有大毛丛；低龄幼虫有群集和吐丝下垂的习性；幼虫取食叶片，大多为害木本植物。

舞毒蛾 *Lymantria dispar*

模毒蛾 *Lymantria monacha*

幻带黄毒蛾 *Euproctis varians*

岩黄毒蛾 *Bembina flavotriangulata*

雪毒蛾 *Leucoma salicis*

白毒蛾 *Arctornis l-nigrum*

鳞翅目

毒蛾科 — Lymantriidae

合台毒蛾 *Teia convergens*

盗毒蛾 *Porthesia similis*

角斑台毒蛾 *Teia gonostigma*

戟盗毒蛾 *Euproctis kurosawai*

瘤蛾科 — Nolidae

体小型至大型；颜色暗，少有鲜艳的色彩；静止时，翅呈屋脊状平置于身体上；静止时，触角经常沿前翅前缘放置；触角通常具简单的丝状；无单眼；前翅中室基部及端部有竖鳞；后翅通常没有复杂的彩色斑纹；翅缰钩棒状。

苹米瘤蛾 *Evonima mandechuriana*

栎点瘤蛾 *Nola confusalis*

灯蛾科 Arctiidae

体小至大型；色彩鲜艳；多有单眼；喙退化；幼虫植食性，取食多种植物叶片。

斑灯蛾 *Pericallia matronula*

丽西伯灯蛾 *Sibirarctia kindermanni*

奇特望灯蛾 *Lemyra imparilis*

污灯蛾 *Spilarctia lutea*

鳞翅目

灯蛾科　　Arctiidae

肖浑黄灯蛾 *Rhyparioides amurensis*

红缘灯蛾 *Aloa lactinea*

黄臀灯蛾 *Epatolmis caesarea*

白雪灯蛾 *Chionarctia niveus*

黑鹿蛾 *Amata ganssuensis*

广鹿蛾 *Amata emma*

Arctiidae 灯蛾科

优美苔蛾 *Barsine striata*

蛛雪苔蛾 *Cyana ariadne*

砾美苔蛾 *Miltochrista pulchra*

美苔蛾 *Miltochrista miniata*

黄边美苔蛾 *Miltochrista calamina*

鳞翅目

灯蛾科 ——————————————————————————————— Arctiidae

明痣苔蛾 *Stigmatophora micans*

玫痣苔蛾 *Stigmatophora rhodophila*

云彩苔蛾 *Nudina artaxidia*

泥土苔蛾 *Eilema lutarella*

夜泥苔蛾 *Pelosia noctis*

金土苔蛾 *Eilema sororcula*

土苔蛾 *Eilema* sp.

美国白蛾 *Hyphantria cunea*

Hymenoptera 膜翅目

茧蜂科 / 双色刺足茧蜂 *Zombrus bicolor*

膜翅目

锤角叶蜂科 | Cimbicidae

体中大型；后头孔开式，无口后桥；上颚刀片状，端部交叉；复眼较大；触角5~8节，端部2~3节显著膨大成棒槌状；前胸背板中部极短，两侧宽大，后缘强烈凹入；前胸腹板与侧板愈合，具基前桥；中后胸盾侧凹宽大且很深；中胸背板前叶发达，小盾片无附片；后胸背板具淡膜区，后胸侧板与腹部第一背板愈合；各足胫节无亚端距，前足胫节具1对端距；前翅翅脉伸达翅外缘，无Sc脉，R+M脉段长，具2r脉，前缘室狭窄，1M室无背柄，cu-a脉与1M脉基部顶接或几乎顶接，臀室完整；腹部背板具锐利的侧缘纵脊，第一背板无中缝；雄性外生殖器扭茎形；雌虫锯鞘短小，但产卵器极长，显著弯曲，锯刃小而多。

锤角叶蜂 *Cimbex* sp.

项蜂科 | Xiphydriidae

体长5~25 mm；头部亚球形，后头明显膨大；后头孔闭式，具口后桥；上颚短宽，具多个内齿；触角窝下位，互相远离，具触角沟；下颚须和下唇须变化大；触角丝状，11~19节，第一节最长；前胸侧板长大，侧面观呈长颈状；前胸背板中部狭窄，后缘显著凹入，侧叶发达；中胸背板具横沟，盾侧凹发达，小盾片无附片；中胸侧腹板前缘具狭窄的腹前桥；中胸侧板和腹板间具宽沟；后胸背板具淡膜区，侧板发达，与腹部第一背板结合，结合缝显著；前足胫节具1~2个端距，后足具2个端距，亚端距缺如；前翅前缘室发达，翅痣狭长，纵脉较直，具2r脉，1M室内上角具长柄，1R1室与1M室接触面长，cu-a脉靠近1M脉，臀室完整，亚基部收缩；后翅至少具6个闭室；腹部较扁，两侧具纵缘脊，第一节背板具中缝，腹部末节简单，无臀突和凹盘；锯鞘短，稍伸出腹端；雄虫外生殖器扭转。

红头肿角项蜂 *Euxiphydria potanini*

Megalodontesidae　广蜂科

体中型；背腹向扁平；后头孔下缘封闭，具口后桥；上颚狭长，上颚孔独立；唇基十分宽大，上唇隐藏，无额唇基沟；复眼小，间距显著宽于复眼长径；触角短，多于15节，第一节棒状，长于第二节3倍，鞭分节短小；前胸背板短，后缘直，侧叶不显著扩展；中胸背板短宽，小盾片无附片；中后胸盾侧凹显著，后胸淡膜区发达；中胸具短腹前桥；前足胫节具1对约等长的端距；中后足胫节各具1对端前距；跗垫微小；翅纵脉不显著弯曲，前后翅 R_1 室均封闭，Sc脉均不独立，翅痣窄长；前翅具13个封闭翅室，1M室背柄很长，Rs第1段与M室内缘连成直线，$1R_1$ 室与M室宽阔接触，cu-a脉与M脉顶接，臀室完整，具外侧位倾斜横脉；后翅前缘具1组翅钩列，具7个封闭翅室，臀室封闭；腹部扁筒形，无侧缘脊，第一、二背板完整，中部无裂缝；产卵器十分短小，不伸出腹部末端；雄虫外生殖器不扭转。

断斑广蜂 *Megalodontes interruptus*

Siricidae　树蜂科

体中大型；头部方形或半球形，后头膨大；后头孔下侧封闭，具口后桥；口器退化，下颚须1节，下唇须2~3节；唇基宽大，上唇很小；上颚粗短，具钝齿；颚眼距宽大，后颊脊缺或短小，后头和后眶宽大；触角丝状，12~30节，第一节通常最长，鞭节细丝状或扁粗，具触角沟；前胸背板大致横方形，前后外角均比较显著；前胸侧板短，侧面观无长颈；中胸背板前叶和侧叶合并，小盾片无附片，盾侧凹大部强烈隆起成三角片；中胸侧腹板前缘具狭窄的腹前桥；中胸侧板和腹板间无侧沟；后胸背板具淡膜区；后胸侧板发达，与腹部第一背板结合，结合缝显著；前足胫节具1个端距，后足具1~2个端距，各足股节粗短，胫节发达，端前距缺如，基跗节明显延长、侧扁，跗垫发达；翅窄长，前后翅 R_1 室端部均开放，翅痣狭长；腹部圆筒形，无侧缘脊，第一节背板具中缝，雌虫第九背板具凹盘，第十节背板发达，具长突；产卵器细长，伸出腹端外的部分很长，锯刃退化；雄虫下生殖板宽大，端部具指突，外生殖器不扭转。

黑顶扁角树蜂 *Tremex apicalis*（雄虫）

膜翅目

三节叶蜂科　Argidae

　　触角 3 节，第一、二节十分短小，第三节发达，长棒状或音叉状；后头孔开式，无口后桥；前胸背板后缘深凹，侧叶发达；中胸十分发达，中胸小盾片无附片，中后胸盾侧凹发达；中胸腹板无基前桥，具侧沟，中后胸后上侧片强烈鼓凸；后胸淡膜区发达，淡膜区间距小于淡膜区宽；前足胫节具 1 对端距，中后足胫节有时具亚端距；爪通常简单；前后翅均无 2r 脉，翅痣较窄长；前翅前缘室宽大，1M 室无背柄或背柄极短小，cu-a 脉中位或外侧位，臀室具很长的中柄，基臀室很小；腹部筒形，两侧无纵缘脊，第一背板与后胸后侧片愈合；背面观锯鞘较短，稍伸出腹部末端，形态变化大；雄性外生殖器扭转，副阳茎微小或缺如。

榆红胸三节叶蜂　*Arge captiva*

半刃黑毛三节叶蜂　*Arge compar*

暗蓝黄腹三节叶蜂　*Arge pagana*

Argidae 三节叶蜂科

三节叶蜂 *Arge* sp.

三节叶蜂 *Arge* sp.

三节叶蜂 *Arge* sp.

三节叶蜂 *Arge* sp.

三节叶蜂 *Arge* sp.

膜翅目

叶蜂科   Tenthredinidae

体小型至大型；头部短，横宽，后头孔下侧开放，无口后桥；具额唇基缝；触角窝偏下位，无触角沟；触角短，通常9节，第一节短小，远短于第三节，鞭节通常无分支；前胸背板后缘深凹，侧叶发达；前胸腹板游离；无基前桥；中胸小盾片发达，具附片；中后胸盾侧凹深大；后上侧片不强烈鼓凸，中胸侧腹板沟缺如；后胸侧板不与腹部第一背板愈合；前足胫节端距1对，内距常分叉；各足胫节无端前距，基跗节发达，跗垫中小型；前翅C室较狭窄，R脉端部平直或下垂，2r脉常存在，Rs脉基端极少消失，1M室通常无背柄，至少具1个完整的端臀室；腹部无侧缘脊，第一背板常具中缝；产卵器短小，常稍伸出腹端。

朱氏钩瓣叶蜂 *Macrophya zhui*

异角钩瓣叶蜂 *Macrophya infumata*

凹颜钩瓣叶蜂 *Macrophya depressina*

白唇角瓣叶蜂 *Senoclidea decora*

Tenthredinidae 叶蜂科

敛眼齿唇叶蜂 *Rhogogaster convergens*

突瓣叶蜂 *Nematus* sp.

突瓣叶蜂 *Nematus* sp.

黑端刺斑叶蜂 *Tenthredo fuscoterminata*

黄角平斑叶蜂 *Tenthredo adusta*

膜翅目

叶蜂科　Tenthredinidae

黄尾棒角叶蜂　*Tenthredo ussuriensis*

三色真片叶蜂　*Eutomostethus tricolor*

白蜡敛片叶蜂　*Tomostethus fraxini*

周氏秋叶蜂　*Apethymus zhoui*

秋叶蜂　*Apethymus* sp.

Tenthredinidae 叶蜂科

天目条角叶蜂 *Tenthredo tienmushana*

双环钝颊叶蜂 *Aglaostigma pieli*（左雌右雄）

黑胫残青叶蜂 *Athalia proxima*

盾斑残青叶蜂 *Athalia decorata*

膜翅目

叶蜂科 | Tenthredinidae

麦叶峰 *Dolerus* sp.

狭域低突叶蜂 *Tenthredo mesomela*

橙足侧跗叶蜂 *Siobla zenaida*

Trigonalyidae 钩腹蜂科

体小型或中型，10~13 mm；体坚固，看似胡蜂，但触角长可区别；触角 26~27 节，丝状；上颚发达，一般不对称；翅脉特殊，前翅有 10 个闭室，亚缘室 3~4 个，后翅有 2 个闭室；腹部第一腹节呈圆锥形，第二腹节最大；雌虫腹端向前下方稍呈钩状弯曲，适宜产卵于叶缘内面。

亚平截带钩腹蜂 *Taeniogonalos subtruncata*

带钩腹蜂 *Taeniogonalos* sp.

膜翅目

冠蜂科 — Stephanidae

体中型至大型，体长 35~60 mm；细长；头球形或近球形；触角丝形，30 节或更多；前胸常较长，如颈；前翅具翅痣，后翅翅脉退化；后足腿节膨大，腹方常具齿；腹部多细长如棒槌状；产卵器细长，伸出部分可达体长的 2 倍；体多暗色，有时具暗斑；多半停息在枯死树干或受蛀虫危害严重的枝干上，寄生鞘翅目和树蜂等蛀干害虫。

齿足冠蜂 *Foenatopus* sp.

小蜂科 — Chalcididae

体长 2~9 mm，坚固；体多为黑色或褐色，并有白色、黄色或带红色的斑纹，无金属光泽；头、胸部具粗糙刻点；触角 11~13 节；胸部膨大；翅广宽，不纵褶；后足基节长，圆柱形；后足腿节相当膨大；后足胫节向内呈弧形弯曲；跗节 5 节；腹部一般呈卵圆形，有腹柄；产卵器不伸出；所有种类均为寄生性，多数寄生于鳞翅目或双翅目。

次生大腿小蜂 *Brachymeria secundaria*

膜翅目

Leucospidae 褶翅小蜂科

体长 2.5~16 mm；体粗壮，体多黑色夹有黄纹；复眼大；触角 13 节；前胸宽大；中胸盾片多光滑；后足基节特别大；后足腿节极大；前翅在静止时纵叠，可见原始翅脉痕迹；腹部具宽柄，端部钝圆；产卵管鞘长，弯向背面，腹部背面中央常有 1 条容纳产卵器的纵沟；成虫常在伞形科和菊科植物上取食花蜜，本科种类寄生于独栖性生活的蜜蜂总科昆虫，热带地区种类较多。

褶翅小蜂 *Leucospis* sp.

Torymidae 长尾小蜂科

体一般较长，不包括产卵器长为 1.1~7.5 mm，连产卵器可长达 16 mm，个别长为 30 mm；体多为蓝色、绿色、金黄色或紫色，具强烈的金属光泽；触角 13 节；腹部相对较小，呈卵圆形略侧扁；雌虫产卵器显著外露，伸出部分有时甚至长于腹部长度。

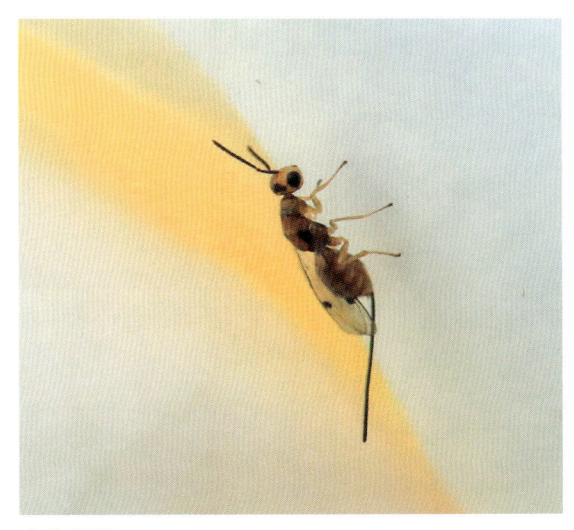

大痣小蜂 *Megastigmus* sp.

中华螳小蜂 *Podagrion chinensis*

膜翅目

褶翅蜂科 — Gasteruptiidae

体中型，细长，常黑色；触角雄虫 13 节，雌虫 14 节；前胸侧板向前延长呈颈状；前翅可纵摺，翅脉发达；后翅翅脉减少，无臀叶；雌虫后足胫节端部膨大，腹部末端呈棍棒状，第一腹节细长；雌虫产卵管很长，伸出腹端。

日本褶翅蜂 *Gasteruption japonicum*

褶翅蜂 *Gasteruption* sp.（雄虫）

旗腹蜂科 — Evaniidae

体长 5~25 mm；常黑色，有时具有黄、白斑；触角 13 节；前胸背板伸达翅基片；前翅翅脉近于完整至消失，缘室短而宽，有时缺；后翅翅脉缺，或不明显，具轭叶；足转节 2 节；腹部具圆而稍弯的柄，腹柄着生点远离后足基节，柄后腹部强度侧扁，小椭圆形或三角形；腹部末端腹板纵裂，产卵管短，不突出；寄生蜚蠊的卵鞘，单寄生。

脊额旗腹蜂 *Prosevania* sp.

膜翅目

Diapriidae 锤角细蜂科

体微小型至小型，体长 1~6 mm；黑色或褐色；3 个单眼很靠近，正三角形排列；触角平伸；雄虫触角 12~14 节，丝状或念珠状；雌虫触角 9~15 节，棒槌状；前胸背板从上方可见；前翅翅脉退化，无明显翅痣；后翅具 1 个翅室或无；常有无翅种类；腹部少有柄，极少有长柄。

轭锤角细蜂 *Zygota* sp.

普锤角细蜂 *Psilus* sp.

普锤角细蜂 *Psilus* sp.

Proctotrupidae 细蜂科

细蜂 *Serphus* sp.

体长 1.5~10 mm，多黑色；触角丝状，13 节，着生在头部前面中央；前胸背板突伸达翅基片；前翅翅脉退化，但前缘脉、亚前缘脉和径脉均发达，翅痣大，缘室细窄，其余翅脉通常仅由弱沟显出；后翅无轭叶，无闭室；胫节距式 1-2-2；腹柄短，亚圆柱形，一般具纵刻纹；柄后腹有 1 个大的愈合背板和腹板；产卵鞘坚硬，产卵器可伸出产卵器鞘的端部之外，但不与鞘分开；多数种类生活于潮湿环境，寄主主要为鞘翅目和双翅目幼虫，单寄生或聚寄生；极少数种类寄生石蛾科。

膜翅目

姬蜂科 | Ichneumonidae

姬蜂种类众多，形态变化甚大；体微小型至大型，体长 2~35 mm（不包括产卵管）；体多细弱；触角长，丝状，多节；翅一般大型，偶有无翅或短翅，具翅痣；并胸腹节大型，常有划纹、隆脊或隆脊形成的分区；腹部多细长，圆筒形、侧扁或扁平；产卵管长度不等，有鞘。

四角蚜蝇姬蜂指名亚种 *Diplazon tetragonus*

马尾姬蜂 *Megarhyssa* sp.

花胫蚜蝇姬蜂 *Diplazon laetatorius*

钝杂姬蜂 *Amblyjoppa* sp.

Ichneumonidae 姬蜂科

大宽跗姬蜂 *Eupalamus giganteus*

朝鲜肿跗姬蜂 *Anomalon coreanum*

野蚕黑瘤姬蜂 *Pimpla luctuosa*

桑螨聚瘤姬蜂 *Gregopimpla kuwanae*

舞毒蛾黑瘤姬蜂 *Pimpla disparis*

膜翅目

姬蜂科 — Ichneumonidae

雕背姬蜂 *Glypta* sp.

短食姬蜂 *Brachyzapus* sp.

朝鲜绿姬蜂 *Chlorocryptus coreanus*

曲爪姬蜂 *Eugalta* sp.

盾脸姬蜂 *Metopius* sp.

盾脸姬蜂 *Metopius* sp.

Ichneumonidae 姬蜂科

拟瘦姬蜂 *Netalia* sp.

黑盾巢姬蜂 *Acroricnus nigriscutellatus*

壮姬蜂 *Rhorus* sp.

广齿腿姬蜂 *Pristomerus vulnerator*

松毛虫埃姬蜂 *Itoplectis alternans epinotiae*

光盾齿腿姬蜂 *Pristomerus scutellaris*

膜翅目

茧蜂科 — Braconidae

体小型至中型，体长 2~12 mm 居多，少数雌虫产卵器长度与体长相等或长数倍；触角丝状，多节；翅脉一般明显，前翅具翅痣；并胸腹节大，常有刻纹或分区；腹部圆筒形或卵圆形，基部有柄、近于无柄或无柄；产卵管长度不等，有鞘；寄主均为昆虫，以全变态昆虫为主。

蒙古簇毛茧蜂 *Vipio mongolicus*

双色刺足茧蜂 *Zombrus bicolor*

荒漠长喙茧蜂 *Cremnops desertor*

全脉茧蜂 *Earinus* sp.

Chrysididae　青蜂科

上海青蜂　*Chrysis shanghaiensis*

体中型，也有小型种类，体长 2~18 mm；具青色、蓝色、紫色或红色等金属光泽；头与胸等宽；触角短，12~13 节；胸部大；前胸背板一般不达翅基片；小盾片发达；并胸腹节侧缘常有锋锐隆脊或尖刺；足细；后翅小，有臀叶，无闭室；产卵器管状，粗大或针状，能收缩；均为寄生性。

Formicidae　蚁　科

沟齿弓背蚁　*Camponotus atrox*

体小型至大中型；真社会性生活的膜翅目类群，具 3 种品级：工蚁、蚁后及雄蚁，存在少数社会性寄生种类；若有翅，则后翅无轭叶和臀叶，具 1 个或 2 个闭室；触角膝状，柄节很长，后蚁和工蚁 10~12 节，雄蚁 10~13 节；腹部第二节，或第二至第三节特化成独立于其他腹节的结节状或鳞片状；腹末具螫针，有刺螫功能（猛蚁亚科和切叶蚁亚科），或螫针退化无刺螫功能，而代之以臭腺防御（臭蚁亚科），或形成能喷射蚁酸的喷射构造（蚁亚科）。

膜翅目

蚁 科 — Formicidae

红林蚁 *Formica clara sinae*

日本弓背蚁 *Camponotus japonicus*

酸臭蚁 *Tapinoma* sp.

针毛收获蚁 *Messor aciculatus*

亮毛蚁 *Lasius fuliginosus*

举腹蚁 *Crematogaster* sp.

膜翅目

Pompilidae 蛛蜂科

体小型至大型，体长 2.5~50 mm；体色杂而鲜艳，有黑色、暗蓝色、赤褐色等，其上有淡斑；触角雌虫卷曲，12 节，雄虫一般线形，13 节；复眼完整；上颚常具 1~2 齿；前胸背板具领片，其后缘拱形，与中胸背板连接不紧密，后上方伸达翅基片；中胸侧板有 1 条斜而直的缝分隔成上、下两部；翅甚发达，带有晕纹或赤褐色，翅脉不达外缘；足长，多刺；腿节常超过腹端；腹部较短，雌性可见 6 节，雄性 7 节；腹部前几节间无缢缩，仅少数具柄；寄生于蜘蛛，是典型的狩猎性寄生蜂。

叉爪蛛蜂 *Episyron* sp.

斑点蛛蜂 *Arachnospila* sp.

棒带蛛蜂 *Parabatozouns* sp.

膜翅目

胡蜂科　　　　　　　　　　　　　　　　　　　　　　　　　　　　　　　　Vespidae

体表刚毛不分叉；触角膝状，雌性（包括女王蜂和职蜂）12节，雄蜂13节；复眼大，内缘中部凹入；上颚发达；中唇舌和侧唇舌端部具小骨化瓣；前胸背板向后延伸与翅基片相接，前后翅翅钩列连锁，停息时纵褶，前翅第一盘室狭长（马萨胡蜂亚科 Masarinae 除外），后翅有闭室；足近圆柱形，中足基节相互接触，跗节无排刷状毛簇；腹部第一节背板和腹板部分愈合，背板搭叠于腹板上。

双色胡蜂 *Vespa bicolor* 　　　　　　　　　　　黑尾胡蜂 *Vespa ducalis*

黄边胡蜂 *Vespa crabro* 　　　　　　　　　　　细黄胡蜂 *Vespula flaviceps*（左雌右雄）

朝鲜黄胡蜂 *Vespula koreensis* 　　　　　　　　普通黄胡蜂 *Vespula vulgaris*

Vespidae 胡蜂科

陆马蜂 *Polistes rothneyi*

柑马蜂 *Polistes mandarinus*

斯马蜂 *Polistes snelleni*

角马蜂 *Polistes chinensis antennalis*

陆蜾蠃东北亚种 *Eumenes mediterraneus manchurianus*

长腹元蜾蠃 *Discoelius zonalis*

膜翅目

胡蜂科 | Vespidae

黄带缘喙蜾蠃 *Anterhynchium (Dirhynchium) flavolineatum flavolineatum*

镶黄蜾蠃 *Oreumenes decoratus*

孔蜾蠃 *Eumenes punctatus*

方蜾蠃 *Eumenes quadratus quadratus*

日本沟蜾蠃 *Ancistrocerus japonicus*

日本佳盾蜾蠃 *Euodynerus (Pareuodynerus) nipanicus*

Apidae 蜜蜂科

上唇一般宽大于长，如否，则与唇基相连处缩小；亚触角沟伸向触角窝内侧；前翅具3个亚缘室，如为2个，则第二亚缘室长度短于第一亚缘室；腹部端部常具臀区；雌性采粉器一般多位于后足胫节上。

三条熊蜂 *Bombus trifasciatus*

火红熊蜂 *Bombus pyrosoma*

红光熊蜂 *Bombus ignatus*

茨氏熊蜂 *Bombus czerskii*

斯氏熊蜂 *Bombus schrencki*

膜翅目

蜜蜂科 — Apidae

富丽熊蜂 *Bombus opulentus*

重黄熊蜂 *Bombus picipes*

意大利蜜蜂 *Apis mellifera*

黄胸木蜂 *Xylocopa appendiculata*

绿条无垫蜂 *Amegilla zonata*

Apidae 蜜蜂科

亮丽四条蜂 *Eucera polychroma*

条蜂 *Anthophora* sp.

棒突芦蜂 *Ceratina satoi*

芦蜂 *Ceratina* sp.

冲绳芦蜂 *Ceratina okinawana*

膜翅目

蜜蜂科 | Apidae

北京长须蜂 *Eucera pekingensis*

长须蜂 *Eucera* sp.

琉璃盾斑蜂 *Thyreus decorus*

黄胸艳斑蜂 *Nomada thoracica*

艳斑蜂 *Nomada* sp.

Andrenidae　　　　　　　　　　　地蜂科

体小型至中型；触角窝至额唇基缝间有 2 条亚触角沟，其间为亚触角区；中唇舌较短，端部尖；下唇须各节等长或第一节长而扁（少数者第二节也如此）；中足基节外侧的长度明显短于基节顶端至后翅基部的距离；后翅有臀区。

地蜂　*Andrena* sp.

野豌豆地蜂　*Andrena (Poecilandrena) viciae*

地蜂　*Andrena* sp.

Colletidae　　　　　　　　　　　分舌蜂科

触角窝至额唇基缝间有 1 条亚触角沟，无亚触角区；中唇舌短，端部圆而钝，呈双叶状或分叉，下唇亚颏宽，颏长，非"V"形；中胸侧板前侧缝完整；中足基节外侧显著短于基节顶端至后翅基部的距离。

叶舌蜂　*Hylaeus* sp.

膜翅目

切叶蜂科   Megachilidae

触角窝至额唇基缝间有 1 条亚触角沟，无亚触角区；中唇舌细长而尖，下唇亚颏呈"V"形；中胸侧板前侧缝一般在凹窝之上；下唇须前两节长，呈鞘状；中足基节外侧长度超过从基节顶端至后翅基部的 2/3；上唇长大于宽，与唇基相连处宽；亚触角沟伸向触角窝外侧；前翅具 2 个亚缘室；雌性采粉器位于腹部腹面。

角足准黄斑蜂 *Trachusa (Paraanthidium) cornopes*

小孔蜂 *Heriades parvula*

切叶蜂 *Megachile* sp.

尖腹蜂 *Coelioxys* sp.

Halictidae ▎ ▎ 隧蜂科

触角窝至额唇基缝间有 1 条亚触角沟，无亚触角区；下唇无颏及亚颏；下唇须各节等长，圆柱状；前翅基脉明显弯曲呈拱形；中胸侧板前侧缝一般完整；后胸盾片水平状；中足基节外侧的长度显著短于基节顶端至后翅基部的距离。

红腹蜂 *Sphecodes* sp.

北方毛带蜂 *Pseudapis mandschurica*

淡脉隧蜂 *Lasioglossum* sp.

革唇淡脉隧蜂 *Lasioglossum mutilum*

铜色隧蜂 *Halictus arearius*

青岛隧蜂 *Halictus tsingtouensis*

膜翅目

泥蜂科　　　　　　　　　　　　　　　　　　　　　　　　　　　　　Sphecidae

体长 6~50 mm；多数泥蜂种类个体较大，多为黑色，常具黄、红或褐色斑；部分泥蜂种类全身为蓝色，具强烈的金属蓝、绿或紫色闪光，极为美丽；头和胸部刚毛不分枝；口器咀嚼式；触角常丝状，雌蜂 12 节，雄蜂 13 节；复眼大，其内缘略平行；前胸背板后缘直，背板突不伸达翅翅片；足细长，雌性前足常具耙状构造，适于开掘，中足胫节常具 2 枚端距，后足行走足；前翅具亚缘室，后翅轭叶大；腹部仅由腹板 I 围合成的圆筒状腹柄，腹部末端腹板不纵裂，产卵器针状；独栖生活；成虫常在地下筑巢，或以泥土在墙角、屋檐、岩石或土壁上筑土室，多为捕食性，捕食直翅目、螳螂目、蜻目、半翅目、鳞翅目等昆虫以及蜘蛛等；成虫多取食花蜜、植物蜜腺和蜜露以及猎物的体液，幼虫肉食性。

赛氏沙泥蜂赛氏亚种 *Ammophila sickmanni sickmanni*

长足泥蜂 *Podalonia* sp.

蓝泥蜂 *Chalybion* sp.

方头泥蜂科　　　　　　　　　　　　　　　　　　　　　　　　　　Crabronidae

体小型至中大型；多为黑色，许多种类具有黄、红或褐色斑；头和胸部刚毛不分枝；头方形，常向下会聚，口器咀嚼式；触角窝接近唇基，触角常丝状，雌性 12 节，雄性 13 节；前胸背板后缘直，背板突不伸达翅基片，无盾纵沟或盾纵沟很短；前足跗节有或无耙状构造，中足胫节无端距或有 1 个端距，爪内缘常无齿；腹柄无腹板或由背板和腹板共同围合成的腹柄，若腹柄仅由腹板 I 围合而成，则后翅轭叶很小；独栖生活，少数种类具有社会行为；成虫常在沙土或黏土等土地中筑巢，或在枯木、树桩、木杆和枝条等处挖筑洞穴或重新修筑已有洞穴，多为捕食性，捕食半翅目、缨翅目、直翅目、鳞翅目、双翅目等昆虫；成虫多取食花蜜、植物蜜腺和蜜露以及猎物的体液，幼虫肉食性。

节腹泥蜂 *Cerceris* sp.

斑沙蜂 *Bembix* sp.

方头泥蜂 *Crabro* sp.

捷小唇泥蜂 *Tachytes* sp.

主要参考文献

[1] 杨定，刘星月. 中国动物志·昆虫纲（第五十一卷）·广翅目[M]. 北京：科学出版社，2010.

[2] 杨定，刘星月，杨星科，等. 中国生物物种名录（第二卷）·动物·昆虫（Ⅱ）·脉翅总目[M]. 北京：科学出版社，2018.

[3] 张巍巍，李元胜. 中国昆虫生态大图鉴[M]. 重庆：重庆大学出版社，2011.

[4] 萧采瑜，等. 中国蝽类昆虫鉴定手册（半翅目异翅亚目）（第一册）[M]. 北京：科学出版社，1977.

[5] 何振昌. 中国北方农业害虫原色图鉴[M]. 沈阳：辽宁科学技术出版社，1997.

[6] 彩万志，李虎. 中国昆虫图鉴[M]. 太原：山西科学技术出版社，2015.

[7] 虞国跃. 北京甲虫生态图鉴[M]. 北京：科学出版社，2020.

[8] 虞国跃. 北京访花昆虫图谱[M]. 北京：电子工业出版社，2018.

[9] 邸济民. 河北昆虫生态图鉴[M]. 北京：科学出版社，2021.

[10] 韩永植. 昆虫识别图鉴[M]. 郑丹丹，译. 郑州：河南科学技术出版社，2017.

[11] 杨宏，王春浩，禹平. 北京蝶类原色图鉴[M]. 北京：科学技术文献出版社，1994.

[12] 岳颖，汪阗. 北京蜻蜓生态鉴别手册[M]. 武汉：武汉大学出版社，2013.

[13] 周长发，苏翠荣，归鸿. 中国蜉蝣概述[M]. 北京：科学出版社，2015.

[14] 梁傢林，姚圣忠. 张家口林果花卉昆虫[M]. 北京：中国林业出版社，2016.

[15] 任国栋，郭书彬，张锋. 小五台山昆虫[M]. 保定：河北大学出版社，2013.

[16] 李春峰，勾建军，等. 河北省灯诱监测昆虫[M]. 北京：中国农业科学技术出版社，2019.

[17] 石井悌，等. 日本昆虫图鉴[M]. 上海：上海忠良书店影印，1953.

中文名索引

A

阿米网丛螟	292
艾尔锥野螟	299
艾蒿隐头叶甲	187
艾黑直头盲蝽	075
艾孔龙虱	119
艾氏施春蜓	009
艾锥额野螟	296
爱珍眼蝶	256
鞍背亚天牛	195
暗步甲	123
暗翅筒天牛	207
暗翅夜蛾	329
暗褐蝈螽	029
暗黑鳃金龟	140
暗蓝黄腹三节叶蜂	346
暗色跗虎天牛	198
暗乌毛盲蝽	080
暗星步甲	123
暗幽尺蛾	312
暗足双脊叩甲	151
凹颜钩瓣叶蜂	348
凹缘菱纹叶蝉	054

B

八点广翅蜡蝉	064
八星粉天牛	201
八字地老虎	333
白斑娥蠓	226
白斑跗花金龟	136
白斑赫弄蝶	267
白斑孔夜蛾	332
白斑长角象	213
白边刺胫长蝽	087
白边大叶蝉	055
白唇角瓣叶蜂	348
白带网丛螟	292
白点黑翅野螟	295
白点尖胸沫蝉	053
白毒蛾	337
白盾伪花蚤	168
白钩小卷蛾	287
白钩朱蛱蝶	258
白桦角须野螟	296
白肩天蛾	319
白蜡绢须野螟	296
白蜡敛片叶蜂	350
白蜡绵粉蚧	051
白毛虎天牛	198
白皮松长足大蚜	045
白戚夜蛾	321
白扇蟌	013
白尾灰蜻	010
白纹伊蚊	225
白线散纹夜蛾	327
白星花金龟	136
白须天蛾	318
白雪灯蛾	340
白腰芒天牛	204
白缘前舞蛾	291
白缘星尖蛾	279
斑背安缘蝽	091
斑翅草螽	029
斑翅蜂虻	231
斑翅绒蜂虻	231
斑翅实蝇	241
斑灯蛾	339
斑点野螟	297
斑点蛛蜂	365
斑额突角蚜蝇	238
斑股深山锹指名亚种	132
斑红长蝽	086
斑鞘隐头叶甲	187
斑青花金龟	135
斑沙蜂	376
斑透翅蝉	065
斑腿双针蟋	031
斑网蛱蝶	259
斑蝽	108
斑须蝽	108
斑眼蚜蝇	235
斑衣蜡蝉	061
斑异盲蝽	075
斑缘豆粉蝶	254
板栗大蚜	045
板栗冠潜蛾	272
板栗兴透翅蛾	282
半黄赤蜻	011
半刃黑毛三节叶蜂	346
棒带蛛蜂	365
棒突芦蜂	371
胞短栉夜蛾	326
薄翅螳	022
宝鸡日修天牛	207
豹短椭龟甲	182
豹弄蝶	266
北方灿甲蜂	150
北方毛带蜂	375
北方甜菜黑点尺蛾	309
北黄粉蝶	254
北姬蝽	081
北京斑翅蜂虻	231
北京脊虎天牛	198
北京堪袖蜡蝉	060
北京异盲蝽	075
北京长须蜂	372
北曼蝽	102
背峰锯角蝉	059
背匙同蝽	097
倍叉䗛	019
笨蝗	036
碧伟蜓	008
碧紫金翅夜蛾	329
蒿蓄齿胫叶甲	191
扁盾蝽	100
扁蛾	275
扁腹赤蜻	011
扁角步甲	126
扁镰须夜蛾	325
扁阎甲	127
变纤翅夜蛾	329
标瑙夜蛾	324
缤夜蛾	322
冰清绢蝶	252
并脉歧角螟	293
并脉长角石蛾	248
波氏木盲蝽	074
波原缘蝽	091
波赭缘蝽	091
伯扁蝽	082
伯瑞象蜡蝉	063
不显口鼻蝇	245
布氏楔叩甲	151
布氏盘步甲	125
布氏羽角甲	143
步行露尾甲	162

C

菜蝽	104
菜螟	299
灿福蛱蝶	261
长瓣树蟋	032
长臂彩丛螟	293
长翅卷蛾	289
长翅素木蝗	035
长颚象	211
长腹凯刺蛾	274
长腹元螺蠃	367
长褐卷蛾	289
长喙萌长蝽	087
长基拟花萤	160
长颊短尖象	219
长角蛾	272
长角水虻	229
长角蚜蝇	238
长毛花金龟	135
长腿水叶甲	180
长尾管蚜蝇	237
长胸花姬蝽	081

长须蜂	372	次生大腿小蜂	354	岛锯天牛	204
长须曲角野螟	297	刺扁蟥	082	盗毒蛾	338
长须梭长蝽	087	刺槐外斑尺蛾	306	稻蝗	036
长叶异痣螅	015	刺槐掌舟蛾	334	稻棘缘蝽	093
长足管伪叶甲	174	刺毛亮蟓	005	稻水象甲	215
长足虻	234	粗刺筒小卷蛾	286	德罕翠凤蝶	252
长足泥蜂	376	粗绿彩丽金龟	138	等额水虻	230
糙凹额象	214	醋栗尺蛾	309	地蜂	373
糙翅丽花萤	155	**D**		弟兄鳃金龟	140
槽缝叩甲	148	达卫邻烁甲	172	点蜂缘蝽	089
草地贪夜蛾	331	达乌里干葬甲	128	点眉夜蛾	331
草蛉	113	大斑飞虱	049	点线锦织蛾	281
草履蚧	050	大斑光沟实蝇	241	点玄灰蝶	264
草莓镰翅小卷蛾	287	大斑胸蚜蝇	238	点伊缘蝽	094
草小卷蛾	286	大草蛉	113	殿夜蛾	322
侧带内斑舟蛾	336	大成山肩蝽	083	雕背姬蜂	360
叉毛蚊	226	大地老虎	333	丁香天蛾	318
叉尾脊翅吉丁	146	大棺头蟋	031	东北广口蝇	242
叉线卑尺蛾	308	大红蛱蝶	258	东北巾夜蛾	324
叉长角石蛾	248	大灰优食蚜蝇	239	东北丽蜡蝉	062
叉爪蛛蜂	365	大菊花象	212	东北桥枯叶蛾	304
茶翅蝽	106	大宽跗姬蜂	359	东北梳灰蝶	265
茶褐盗猎蝽	071	大粒象	212	东北指蝉	066
巢蛾	284	大麻蚤跳甲	193	东方菜粉蝶	254
朝鲜东蚁蛉	114	大青叶蝉	057	东方齿爪盲蝽	080
朝鲜短沟红萤	152	大双齿花萤	154	东方垫甲	173
朝鲜黄胡蜂	366	大头金蝇	245	东方蝼蛄	032
朝鲜绿姬蜂	360	大卫鬼锹指名亚种	133	东方拟卷蟥	019
朝鲜球坚蚧	052	大星步甲	123	东亚毛肩长蝽	084
朝鲜艳步甲	126	大须喙象	219	东亚异痣螅	015
朝鲜肿跗姬蜂	359	大牙土天牛	204	蚪纹野螟	297
朝鲜螋蜂	103	大蚜	045	斗毛眼蝶	256
橙银线尺蛾	309	大眼长蝽	085	豆荚斑螟	294
橙足侧跗叶蜂	352	大叶黄杨长毛斑蛾	273	豆荚野螟	299
齿纹卷叶野螟	296	大云鳃金龟	140	豆髯须夜蛾	325
齿足冠蜂	354	大造桥虫	310	独环瑞猎蝽	070
赤腹栉角萤	153	大痣小蜂	355	端毛龙虱	119
赤胫羽透翅蛾	282	大紫蛱蝶	261	短斑普猎蝽	072
赤条蝽	105	带钩腹蜂	353	短柄大蚊	222
赤杨斑花天牛	196	带古按实蝇	241	短额负蝗	037
赤缘吻红萤	152	带列蛾	278	短肛蜻	024
冲绳芦蜂	371	戴氏丽长角蛾	271	短角外斑腿蝗	035
重黄熊蜂	370	戴云姬蜂虻	233	短毛斑金龟华北亚种	141
臭椿沟眶象	213	黛白斑蜂虻	232	短食姬蜂	360
初姬蝽	028	丹日明夜蛾	331	短头缘蝽	094
樗蚕	302	单齿翅蚕蛾	303	短星翅蝗	035
雏蜂虻	232	单环蛱蝶	260	短壮异蝽	095
雏蝗	035	单纹长角茎蝇	242	断斑广蜡	345
川甘川碧蝽	103	淡边地长蝽	084	钝黑斑眼蚜蝇	235
窗奥郭公甲	159	淡带荆猎蝽	073	钝毛鳞花金龟	135
窗大蚊	224	淡褐圆筒象	211	钝羽蛾	277
窗耳叶蝉	056	淡脉隧蜂	375	钝杂姬蜂	358
窗胸萤	153	淡色库蚊	225	盾斑残青叶蜂	351
锤角叶蜂	344	淡网尺蛾四川亚种	311	盾脸姬蜂	360
锤胁跷蝽	083	淡胸藜龟甲	182	盾天蛾	318
纯白草螟	300	淡须苣蓿盲蝽	078	多斑豹蠹蛾	285
纯肖金夜蛾	326	淡银纹夜蛾	327	多带天牛	205
茨氏熊蜂	369	刀日春蜓	009	多点坡天牛	203

条目	页码	条目	页码	条目	页码
多毛实蟀	106	弓暗巾夜蛾	324	褐钝额野螟	296
多色异丽金龟	139	沟齿弓背蚁	363	褐灰角衣夜蛾	328
多纹铜星花金龟	136	沟叩头甲	150	褐菱猎蝽	072
多异瓢虫	163	沟胸龟象	213	褐莽蝽	101
E		沟胸跳甲	193	褐色钝角长蝽	087
厄内斑舟蛾	336	钩蝽	017	褐纹鲁夜蛾	327
轭锤角细蜂	357	钩白肾夜蛾	333	褐真蝽	104
二点钳叶甲	189	钩翅褐蛉	111	褐足角胸肖叶甲	189
二节蚊猎蝽	072	钩粉蝶	254	黑蝽	018
二色苜缘蝽	092	钩角盲蝽	074	黑暗色蟋	014
二色希鳃金龟	140	钩尾夜蛾	330	黑白尖蛾	279
二十二星菌瓢虫	164	枸杞负泥虫	180	黑白丽长角蛾	271
二纹柱萤叶甲	184	古波尺蛾	306	黑白象	215
F		古钩蛾	316	黑斑丽花萤	155
乏夜蛾	322	谷蟓	108	黑斑流夜蛾	326
法氏木盲蝽	074	谷弄蝶	268	黑斑蚀叶野螟	296
泛刺同蝽	097	瓜绢野螟	297	黑斑锥胸叩甲	149
泛希姬蝽	081	寡毛跳甲	192	黑背同蝽	096
泛长角绒毛金龟	143	寡长足虻	234	黑背尾蟋	015
梵蟀	043	贯众伸喙野螟	298	黑背显盾瓢虫	163
梵文菌瓢虫	164	光背锯角叶甲	191	黑蝉网蛾	301
方斑墨蚜蝇	237	光盾齿腿姬蜂	361	黑翅雏蝗	034
方点花纹吉丁指名亚种	144	光沟异丽金龟	139	黑唇苜蓿盲蝽	079
方额天牛	206	光肩星天牛	200	黑带鼓腿天牛	195
方格毛角象	215	光剑纹夜蛾	327	黑带寡室袖蜡蝉	060
方蝶蠃	368	光洁猛郭公甲	159	黑岛尺蛾东北亚种	310
方氏赤蜻	011	光亮拟天牛	177	黑点粉天牛	201
方头泥蜂	376	光亮荣天牛	201	黑顶扁角树蜂	345
仿白边舟蛾	335	光叶甲	194	黑顶隐头叶蜂	187
仿锈腰尺蛾	313	广布潜吉丁指名亚种	147	黑端刺斑叶蜂	349
舫象	216	广齿腿姬蜂	361	黑盾巢姬蜂	361
菲隐翅虫	130	广二星蝽	102	黑额光叶甲	194
蜚大蚊	223	广斧螳	023	黑缶葬甲	128
分异发丽金龟	137	广腹同缘蝽	090	黑跗曲波萤叶甲	185
粉条巧夜蛾	324	广聚萤叶甲	184	黑腹果蝇	242
粉缘钻夜蛾	330	广鹿蛾	340	黑腹猎蝽	071
蜂蚜蝇	236	龟纹瓢虫	163	黑腹直脉曙沫蝉	053
扶桑大卷叶野螟	296	鬼针长唇实蝇	241	黑缟蝇	243
蜉蝣	003	**H**		黑光猎蝽	071
福婆鳃金龟	140	海滨库蚊	225	黑环土蜂	098
斧木纹尺蛾	312	韩国缝角天牛	206	黑灰蝶	264
富丽熊蜂	370	罕丽步甲	125	黑胫残青叶蜂	351
腹毛隐翅虫	131	汉优螳蛉	110	黑丽翅蜻	012
G		旱柳原野螟	299	黑鹿蛾	340
甘薯腊龟甲	182	蒿龟甲	183	黑脉蛱蝶	259
甘薯跃盲蝽	080	浩蝽	107	黑脉意草蛉	112
柑橘凤蝶	252	合台毒蛾	338	黑苜蓿盲蝽	079
柑马蜂	367	河北锯花天牛	196	黑弄蝶	268
秆野螟	299	河伯锷弄蝶	269	黑绒金龟	141
秆蝇	244	核桃凹翅萤叶甲	184	黑绒天牛	204
干纹夜蛾	327	核桃扁叶甲	190	黑蕊舟蛾	335
钢色露尾甲	162	核桃美舟蛾	334	黑条波萤叶甲	185
高句丽合垫盲蝽	076	核桃四星尺蛾	309	黑条龟甲	182
革唇淡脉隧蜂	375	核桃鹰翅天蛾	319	黑头苜蓿盲蝽	079
格奇尺蛾	312	核桃展足蛾	280	黑尾胡蜂	366
葛耳叶蝉	056	赫坎按蚊	225	黑纹伟蜓	008
根瘤象	217	褐斑点烈长蝽	087	黑纹隐头叶甲	187
梗天牛	209	褐巢螟	294	黑膝大蛩螽	027

黑狭扇蟋	013	花背短柱叶甲	187	黄蜻	012
黑斜纹象	215	花胫蚜蝇姬蜂	358	黄头阔盲蝽	080
黑胸伪叶甲	174	花弄蝶	269	黄臀灯蛾	340
黑缘红瓢虫	166	花纹吉丁	144	黄尾棒角叶蜂	350
黑缘酪织蛾	281	华北白眼蝶	255	黄纹银草螟	300
黑长角缟蝇	243	华北突眼隐翅虫	131	黄胸寡毛跳甲	192
黑长缘蝽	089	华扁犀金龟	142	黄胸木蜂	370
黑直喙象	211	华麦蝽	102	黄胸艳斑蜂	372
黑足隐头叶甲	187	华日瓢虫	166	黄颜木蚜蝇	239
横带叶蝉	056	华夏爱灰蝶	265	黄杨绢野螟	297
横纹菜蝽	104	华星天牛	200	黄伊缘蝽	094
横纹沟芫菁	176	华异蝽	095	灰边白沙尺蛾	310
横皱刻纹叶蝉	055	桦尺蛾	312	灰齿缘龙虱	119
红斑瘦腹水虻	229	桦穗长蝽	084	灰飞虱	049
红尺夜蛾	330	桦银蛾	278	灰褐丽长角蛾	271
红腹蜂	375	槐尺蠖	312	灰全蝽	106
红腹毛蚊	226	槐绿虎天牛	199	灰象	217
红光熊蜂	369	环斑娇异蝽	095	灰胸突鳃金龟	140
红褐粒眼瓢虫	166	环斑猛猎蝽	073	辉蝽	105
红褐肿腮长蝽	086	环胫黑缘蝽	090	茴香薄翅野螟	295
红黑维尺蛾	305	环铅卷蛾	290	喙红萤	152
红花指管蚜	046	环纹环尾春蜓	009	喙司透翅蛾	282
红黄野螟	297	环针单纹卷蛾	289	蟋蛄	065
红灰蝶	262	幻带黄毒蛾	337	火红熊蜂	369
红脊长蝽	086	荒漠长喙茧蜂	362	**J**	
红节天蛾	320	黄斑船蚁	215	基角狼夜蛾	330
红锦织蛾	281	黄斑短突花金龟	134	吉氏分阎甲	127
红颈负泥虫	181	黄斑眉夜蛾	331	疾灶螽	030
红林蚁	364	黄斑青步甲	124	集昆鞍腹水虻	229
红毛花萤	154	黄斑缩颜蚜蝇	237	脊额旗腹蜂	356
红秘夜蛾	328	黄斑银弄蝶	266	脊菱蜡蝉	061
红膜朽木甲	173	黄斑紫翅野螟	295	戟盗毒蛾	338
红蜻古北亚种	012	黄边胡蜂	366	佳眼尺蛾	308
红松喀木虱	048	黄边美苔蛾	341	佳择盖羽蛾	277
红天蛾	319	黄草蛉	300	家茸天牛	201
红头水虻	230	黄刺蛾	274	夹鹿尺蛾	310
红头肿角项蜂	344	黄带丽长角蛾	270	甲蝇	244
红腿刀锹北部亚种	132	黄带缘喙蝽蠃	368	假尖筒象	211
红楔异盲蝽	075	黄短喙蚜蝇	239	尖大蚊	223
红胸棍腿天牛	195	黄盾蜂蚜蝇	236	尖腹蜂	374
红袖蜡蝉	060	黄额异跗萤叶甲	185	尖腹隐头叶甲	186
红叶兴透翅蛾	283	黄二星舟蛾	336	尖角原缘蝽	091
红缘灯蛾	340	黄粉鹿花金龟	134	尖色卷蛾	289
红缘婪步甲	122	黄粪蝇	245	尖头大蚊	223
红缘瑞猎蝽	070	黄钩蛱蝶	258	尖尾网蛾	301
红缘须歧野螟	298	黄褐笋纹蛾	303	尖匣柈甲	171
红缘亚天牛	195	黄花蝶角蛉	115	尖须花萤	154
红晕散纹夜蛾	327	黄环蛱蝶	260	剑枝郭公甲	158
红云翅斑螟	294	黄尖胸沫蝉	053	江苏亚非蜉	004
红痣德颖蜡蝉	063	黄角平斑叶蜂	349	浆头叶蝉	054
红珠灰蝶	265	黄荆重突天牛	203	焦边尺蛾	307
红足真蝽	104	黄胫小车蝗	033	角斑台毒蛾	338
红足壮异蝽	095	黄卷蛾	288	角顶尺蛾	313
后黄卷蛾	288	黄脸油葫芦	031	角盾蝽	100
厚盲蝽	076	黄绿斑短角水虻	229	角额盲蝽	077
弧形小花甲	157	黄脉天蛾	318	角红长蝽	086
胡桃豹夜蛾	330	黄虻	227	角胫象	217
湖北长袖蜡蝉	060	黄鞘婪步甲	122	角雷蝽	101

角马蜂	367	宽带蜂蚜蝇	236	连圆瓣卷蛾	290
角石蛾	247	宽带鹿花金龟	134	联纹小叶春蜓	009
角胸叶蝉	055	宽基蜉	006	镰尾露螽	027
角足准黄斑蜂	374	宽棘缘蝽	093	镰须夜蛾	325
节腹泥蜂	376	宽铗同蝽	096	敛眼齿唇叶蜂	349
洁波水螟	300	宽肩象	214	两点赤锯锹普通亚种	132
洁口夜蛾	326	宽胫夜蛾	332	两色绮夜蛾	328
捷小唇泥蜂	376	宽钳鼓翅蝇	240	亮斑趋石蛾	249
截翅尺蛾	311	宽条隐头叶甲	186	亮翅鹿斑蛾	273
金翅单纹卷蛾	289	阔颈叶蝉	058	亮褐异针蟋	031
金黄螟	294	阔胫萤叶甲	184	亮黑斑眼蚜蝇	235
金黄指突水虻	230	**L**		亮丽四条蜂	371
金绿沟胫跳甲	192	婪步甲	122	亮毛蚁	364
金绿宽盾蝽	100	蓝边矛丽金龟	137	亮钳猎蝽	071
金毛雏蜂虻	232	蓝翅负泥虫	181	蓼蓝齿胫叶甲	191
金诺透翅蛾	283	蓝蝽	107	列蛾	278
金双带草蛉	300	蓝负泥虫	181	邻奴夜蛾	329
金土苔蛾	342	蓝黑长角石蛾	248	林扁足蝇	235
金象	220	蓝灰蝶	262	林虎天牛	198
金龟虻	228	蓝丽天牛	207	鳞石蛾	247
津兴透翅蛾	283	蓝泥蜂	376	铃木库螽	028
锦织蛾	281	蓝色九节跳甲	193	菱斑食植瓢虫	163
近鬃秆蝇	244	蓝纹尾蟌	015	菱蜡蝉	061
京绿彩丽金龟	138	蓝燕灰蝶	263	菱纹叶蝉	054
旌蚧	050	蓝紫短翅芫菁	175	领纹缅春蜓	009
井夜蛾	323	烂果露尾甲	162	刘氏菌甲	173
颈拟叩甲	161	老豹蛱蝶	257	流纹尺蛾	312
景负泥虫	181	酪色绢粉蝶	254	琉璃盾斑蜂	372
酒红须丛螟	293	类沙土甲	172	琉璃弧丽金龟	138
举腹蚁	364	离蛄	043	瘤虎天牛	198
巨洞龟	067	梨光叶甲	194	瘤虻	227
巨瘤蝽	042	梨黄粉蚜	047	瘤石蛾	249
巨胸暗步甲	123	梨象	217	瘤胸银花天牛	196
具纹亚非蜉	004	梨叶斑蛾	273	瘤缘蝽	090
锯齿叉趾铁甲	188	李尺蛾	312	柳十八星叶甲	191
锯齿星舟蛾	336	里森丽花萤	155	柳圆叶甲	190
锯角萤	153	丽草蛉	112	柳紫闪蛱蝶	261
锯线烟尺蛾	308	丽翅蜉	006	六斑绿虎天牛	199
锯胸叶甲	188	丽蜂虻	233	六斑异瓢虫	165
涓夜蛾	322	丽金舟蛾	335	龙江斜唇盲蝽	076
娟鸠蛾	279	丽西伯丁灯蛾	339	隆线异土甲	172
卷象	219	丽颜腰角蚜蝇	238	漏芦菊花象	212
绢蛾	275	丽艳虎天牛	199	芦蜂	371
矍眼蝶	255	丽长角蛾	271	庐山珀蝽	103
俊蝽	107	丽长足虻	234	陆螺蠃东北亚种	367
K		利剑铅尺蛾	305	陆马蜂	367
咖啡脊虎天牛	200	沥斑鳞花金龟	135	罗格透翅蛾	282
喀木虱	048	枥长须夜蛾	325	萝藦艳青尺蛾	311
开环缘蝽	093	栎点瘤蛾	338	落黄卷蛾	288
克氏黄带芫菁	176	栎距钩蛾	316	绿板同蝽	097
刻点小蚜蝇	239	栎木斑吉丁	147	绿豹蛱蝶	257
孔蜾蠃	368	栎小卷蛾	287	绿带翠凤蝶	252
孔龙虱	119	栎隐头叶甲	186	绿孔雀夜蛾	332
孔雀蛱蝶	260	栎长颈象	219	绿蓝隐头叶甲	186
口鳞尖筒象	211	栎掌舟蛾	334	绿亮星花金龟	136
枯黄贡尺蛾	312	栗叶瘤丛螟	293	绿绒毛脚斑金龟	141
宽槽胫叶蝉	058	栗肿角天牛	205	绿条金叩甲	190
宽大眼长蝽	085	粒翅天牛	208	绿条无垫蜂	370

绿纬夜蛾	326	
绿蝇	245	
绿芫菁	175	
葎草洲尺蛾	310	

M

麻步甲	126
麻棘棘丛螟	292
麻小食心虫	290
马铃薯瓢虫	167
马奇异春蜓	009
马氏竹斑蛾	273
马尾姬蜂	358
玛绢金龟	142
麦奂夜蛾	331
麦牧野螟	297
麦叶蜂	352
盲蛇蛉	117
猫蛱蝶	257
毛背新绢金龟	142
毛喙丽金龟	137
毛獒步甲	122
毛瘤长足虻	234
毛蚊	226
毛象天牛	206
毛肖叶甲	189
毛胸青步甲	124
毛胸异花萤	155
毛足姬尺蛾	313
矛夜蛾	322
茅莓蚁舟蛾	335
锚纹拟花蚤	169
帽斑紫天牛	209
玫瑰花象	212
玫痣苔蛾	342
梅花小卷蛾	286
美国白蛾	342
美苔蛾	341
虻	227
蒙古簇毛茧蜂	362
蒙古束颈蝗	033
蒙古异丽金龟	139
密点白条天牛	205
密点负泥虫	180
密纹瞿眼蝶	255
棉褐带卷蛾	289
棉褐环野螟	298
棉蝗	035
棉铃虫	333
棉双斜线卷蛾	290
棉塘水螟	300
黾蝽	067
明窗蛱蝶	259
明陌夜蛾	330
明痣苔蛾	342
鸣蝗	034
模毒蛾	337
摩实蝇	241
木橑尺蛾	314

苜蓿多节天牛	203
苜蓿盲蝽	078
牧女珍眼蝶	256
暮尘尺蛾	305

N

尼泊尔覆葬甲	129
尼草蛉	113
泥红槽缝叩甲	148
泥土苔蛾	342
拟斑脉蛱蝶	259
拟弓须亥夜蛾	324
拟褐纹树蚁蛉	114
拟花萤	160
拟花蚤	169
拟金花天牛	197
拟矩胸花天牛	197
拟瘦姬蜂	361
拟突眼绢金龟	142
拟伪尖蛾	279
拟细裳蜉	006
鸟粪隐翅虫	130
宁波尾大蚕蛾	302
弩萤	153
女贞首夜蛾	330

P

培甘弱脊天牛	205
蓬莱眼舞蛾	291
鹏灰夜蛾	328
皮氏小刀锹华北亚种	133
片角叶蝉	058
平嘴壶夜蛾	324
苹果红脊角蝉	059
苹果卷叶象	220
苹果枯叶蛾	304
苹果绵蚜	047
苹果兴透翅蛾	283
苹褐卷蛾	289
苹黄卷蛾	288
苹眉夜蛾	331
苹米瘤蛾	338
苹烟尺蛾	305
苹掌舟蛾	334
泼墨尺蛾	313
珀蝽	103
葡萄脊虎天牛	200
葡萄缺角天蛾	319
葡萄天蛾	319
朴圆斑卷象	218
普锤角细蜂	357
普大蚊	223
普拉隐翅虫	131
普通郭公甲	159
普通黄胡蜂	366
普通瘤秆蝇	244
普通条蚤	028
普网蛱蝶	259

Q

七星瓢虫	164

栖长角石蛾	248
戚夜蛾	321
漆黑异丽金龟	139
齐褐蛉	111
齐髯须夜蛾	325
岐怪舟蛾	335
奇特望灯蛾	339
奇柟大蚊	223
歧角螟	293
前星覆葬甲	129
潜吉丁	147
浅褐彩丽金龟	138
浅黄拟天牛	177
浅墨尺蛾	313
强婪步甲	122
乔球蝽	041
乔氏义虎天牛	198
翘角延额盲蝽	077
切叶蜂	374
秦褐卷蛾	289
青背长喙天蛾	320
青岛隧蜂	375
青辐射尺蛾	307
秋水筒脉螳蛉	110
秋叶蜂	350
楸蠹野螟	298
球窃蠹	157
球蝽	040
球象	217
螺蝽	042
曲虎天牛	200
曲纹花天牛	197
曲纹紫灰蝶	264
曲线奴夜蛾	329
曲缘红蝽	089
曲爪姬蜂	360
全蝽	106
全黑花蚤	168
全脉茧蜂	362
雀水尺蛾	307

R

仁川伊蚊	225
忍冬双斜卷蛾	290
日本高姬蝽	081
日本弓背蚁	364
日本沟螺蠃	368
日本龟蜡蚧	052
日本褐蛉	111
日本佳盾蝶蠃	368
日本通草蛉	113
日本伪阔花金龟	134
日本线钩蛾	317
日本小丽水虻	230
日本蚤蝼	038
日本张球蝽	041
日本褶翅蜂	356
日本指突水虻	230
日桦绵斑蚜	045

日美尖冬夜蛾	332	瘦银锭夜蛾	326	松梢小卷蛾	287
日拟负蝽	069	瘦直扁足甲	172	松实小卷蛾	286
日月明夜蛾	331	梳附盗夜蛾	332	松树皮象	214
日壮蝎蝽	068	疏脉透翅蛾	282	溲疏新小卷蛾	287
乳翅卷野螟	299	束翅小筒天牛	207	苏勒蚁蛉	114
乳突拟花萤	169	束盲蝽	080	素色杆蟋螽	030
瑞拉隐翅虫	130	竖毛天牛	203	素色异爪蝗	034
弱脊异丽金龟	139	竖眉赤蜻指名亚种	011	粟缘蝽	093
S		双斑薄翅野螟	295	酸臭蚁	364
萨哈林虎甲	121	双斑盾刺水虻	228	碎木纹尺蛾	314
赛氏沙泥蜂赛氏亚种	376	双斑锦天牛	208	**T**	
赛纹透翅蛾	283	双斑圆臀大蜓	008	塔毒隐翅虫	130
三刺角蝉	059	双斑莽甲	129	塔氏麻虻	227
三点角蚁形甲	178	双齿土甲	172	台湾狭天牛	209
三点首蓿盲蝽	078	双刺胸猎蝽	073	太波纹蛾	317
三环狭野螟	298	双簇污天牛	203	泰丛卷蛾	290
三脊坡天牛	205	双带弄蝶	267	糖衣鱼	001
三角祝蛾	285	双带偶栉大蚊	222	桃粉蚜	046
三节叶蜂	347	双峰豆龟蝽	099	桃红颈天牛	202
三色真片叶蜂	350	双环钝颊叶蜂	351	桃红瑙夜蛾	333
三条扇野螟	298	双脊叩甲	151	桃蚜	046
三条熊蜂	369	双角尺蛾	314	桃展足蛾	280
三纹喵叶野螟	296	双篱丽长角蛾	270	桃蛀果蛾	291
三纹长角象	213	双瘤槽缝叩甲	148	桃蛀螟	299
三线钩蛾	317	双色苍白牙甲	127	梯斜线网蛾	301
三线奴夜蛾	329	双色刺足茧蜂	362	天目条角叶蜂	351
散斑丽长角蛾	270	双色胡蜂	366	甜菜白带野螟	297
桑盾蚧	052	双色云斑螟	294	甜菜大龟甲	183
桑螟聚瘤姬蜂	359	双条楔天牛	207	甜菜筒喙象	210
沙氏绿虎天牛	199	双斜线尺蛾	305	甜菜夜蛾	332
筛豆龟蝽	099	双翼二翅蜉	006	条斑赤蜻指名亚种	011
筛胸梳爪叩甲	149	双云尺蛾	314	条斑次蚁蛉	114
山地浅缢长蝽	085	双痣圆龟蝽	099	条背天蛾	320
山高姬蝽	081	双珠严尺蛾	307	条赤须盲蝽	077
山鬼袍蜂虻	232	霜象	220	条蜂	371
山球螋	040	霜夜蛾	323	跳蝽	082
山楂肋龟甲	183	硕蝽	108	亭俚夜蛾	333
闪豆斑钩蛾	316	丝带凤蝶	253	庭园发丽金龟	137
陕西孤叶甲	150	丝角花萤	154	同脉缟蝇	243
上海青蜂	363	丝棉木金星尺蛾	306	铜翅虎甲	120
梢斑螟	294	斯马蜂	367	铜绿短角步甲	126
舌石蛾	250	斯氏后丽盲蝽	074	铜绿虎甲	120
蛇眼蝶	256	斯氏熊蜂	369	铜绿异丽金龟	139
深褐罗蟋	018	斯提利亚螳蛉	110	铜色隧蜂	375
深黄肖姬花萤	168	四斑绢丝野螟	298	铜色长角沼蝇	240
深山珠弄蝶	269	四斑裸瓢虫	165	童剑纹夜蛾	327
诗灰蝶	264	四斑偏须步甲	125	筒小卷蛾	287
十二斑褐菌瓢虫	164	四斑扇野螟	298	透翅疏广翅蜡蝉	064
十二点负泥虫	180	四川束大轭尺蛾	314	透顶单脉色蟌	014
十三星瓢虫	164	四带脊菱蜡蝉	062	透明假蜉	004
十星裸瓢虫	165	四点象天牛	206	凸翅小盅尺蛾	306
十星瓢萤叶甲	184	四角蚜蝇姬蜂指名亚种	358	突瓣叶蜂	349
似小赫弄蝶	267	四节蜉	006	突唇蜉	006
饰夜蛾	322	松村细蝉	065	突胸距甲	178
柿树白毡蚧	051	松褐吉丁西伯利亚亚种	146	土耳其庸蜂虻	232
柿兴透翅蛾	282	松黑天蛾	319	土猎蝽	073
首尔刺角天牛	199	松脊翅吉丁中华亚种	146	土苔蛾	342
瘦棍腿天牛	195	松毛虫埃姬蜂	361	椭圆双脊天牛	209

W

洼皮夜蛾	328
洼夜蛾	323
弯斑姬蜂虻	233
弯角蟓	103
弯勒夜蛾	329
弯握蜉	005
网卑钩蛾	317
网长角蛾	272
微毛短角水虻	229
韦肿腮长蝽	086
伪叶甲	174
苇实夜蛾	333
尾尺蛾	306
味潜蟓	083
纹翅盲蝽	075
纹丛螟	292
纹吉丁	144
乌苏窗翅叶蝉	056
乌苏里天牛	204
乌苏里锈纹折线尺蛾	309
乌夜蛾	323
污灯蛾	339
污黑盗猎蝽	071
污朽木甲	173
无斑弧丽金龟	138
梧桐木虱	049
梧州蜉	003
五楔实蝇	241
舞毒蛾	337
舞毒蛾黑瘤姬蜂	359

X

西北豆芫菁	175
西伯利亚脊角蝉	059
西伯利亚绿象	214
西部喙缘蝽	090
希姬蝽	081
奚毛胫夜蛾	321
细齿同蝽	097
细带链环蛱蝶	260
细带圆沫蝉	053
细蜂	357
细腹食蚜蝇	239
细黄胡蜂	366
细圆卷蛾	290
虾钳菜披龟甲	183
狭翅原完眼蝶角蛉	115
狭带条胸蚜蝇	238
狭盲蝽	077
狭胸花萤	156
狭羽蛾	277
狭域低突叶蜂	352
狭长直缝叩甲	149
瑕夜蛾	323
夏至草隐瘤蚜	046
先地红蝽	089
纤细巴蚜蝇	237
线痣灰蜻	010
香草小卷蛾	287
镶黄蜾蠃	368
项山晦带方额天牛	206
象虫	216
橡黑花天牛	197
橡实剪枝象	215
肖浑黄灯蛾	340
小斑叶蝉	056
小边捷步甲	126
小菜蛾	284
小稻大蚊	222
小豆长喙天蛾	320
小冠夜蛾	331
小红姬尺蛾	313
小红蛱蝶	258
小环蛱蝶	260
小灰粉尺蛾	314
小灰长角天牛	208
小孔蜂	374
小宽颚步甲	125
小青花金龟	135
小秋黄尺蛾	310
小雀斑龙虱	119
小食心虫	290
小线角木蠹蛾	285
小眼象	216
小眼叶蝉	057
小萤叶甲	185
小长蝽	085
小指脉羽蛾	277
小周尺蛾	310
斜斑小卷蛾	287
斜翅粉天牛	201
斜尾虎天牛	199
斜线燕蛾	315
谐绮夜蛾	328
心盾叩甲	150
新蜻	017
新扁刺蛾	274
新小卷蛾	288
新覃甲	161
新雅大蚊	222
星斑蜂虻	231
星狄夜蛾	326
胸廓鼓翅蝇	240
朽木夜蛾	333
绣线菊蚜	046
锈玫舟蛾	335
须长角石蛾	248
虚俭尺蛾	307
悬铃木方翅网蝽	088
旋花豆象	179
雪毒蛾	337
蕈隐翅虫	131

Y

芽斑虎甲	121
雅谷纹花盏	168
雅氏指蝉	066
雅小叶蝉	057
雅长足虻	234
亚平截带钩腹蜂	353
亚奇巧夜蛾	324
亚肾纹绿尺蛾	311
岩尺蛾	308
岩黄毒蛾	337
炎黄星齿蛉	116
颜脊伪赤翅甲	170
掩耳螽	026
眼斑厚盲蝽	076
艳斑蜂	372
艳灰蝶	264
艳金舟蛾	335
艳双点螟	294
艳修虎蛾	321
艳展足蛾	280
焰夜蛾	323
燕尾姬蜂虻	233
燕尾舟蛾	336
杨黄星象	212
杨剑舟蛾	336
杨枯叶蛾	304
杨柳光叶甲	194
杨扇舟蛾	336
杨氏圆舞蛾	291
杨叶甲	188
野蚕黑瘤姬蜂	359
野豌豆地蜂	373
野爪集冬夜蛾	332
叶舌蜂	373
叶象	217
叶足扇螋	013
夜迷蛱蝶	261
夜泥苔蛾	342
异赤猎蝽	070
异点枡甲	171
异角钩瓣叶蜂	348
异角青步甲	124
异色多纹蜻	010
异色拟天牛	177
异色瓢虫	167
异蝼	041
益蝽	107
意大利蜜蜂	370
阴翅斑螟	294
阴亥夜蛾	324
荫缟蝇	243
银斑砌石夜蛾	321
银二星舟蛾	336
银光草螟	300
银脊扁蝽	082
银实小卷蛾	286
银纹夜蛾	327
隐斑瓢虫	165
隐黄卷蛾	288
隐头叶甲	186
隐纹谷弄蝶	268

印度谷螟……………………293	蚤跳甲……………………193	中华长毛象……………………214
印度细腹食蚜蝇……………239	柞栎象……………………213	中华真地鳖……………………020
萤叶甲……………………185	蚱蝉………………………066	中桥夜蛾………………………326
庸肖毛翅夜蛾……………329	窄跗梐甲…………………171	中突沟芫菁……………………176
优美苔蛾…………………341	窄吉丁……………………145	肿腿花天牛……………………196
优怒夜蛾…………………328	窄肾镰须夜蛾……………325	周氏叶蜂………………………350
优秀洒灰蝶………………265	窄肾长须夜蛾……………325	皱翅亡葬甲……………………128
幽天牛……………………209	窄头叶蝉…………………057	朱氏钩瓣叶蜂…………………348
油菜筒喙象………………210	窄缘绿刺蛾………………274	珠蝽……………………………105
油松毛虫…………………304	窄掌舟蛾…………………334	硃美苔蛾………………………341
疣蝗………………………033	展缘异点瓢虫……………166	蛛雪苔蛾………………………341
疣突素猎蝽………………073	遮眼象……………………216	竹孔夜蛾………………………332
榆凤蛾……………………315	赭翅臀花金龟……………135	竹小斑蛾………………………273
榆红胸三节叶蜂…………346	赭黄长须夜蛾……………325	烛大蚊…………………………224
榆黄毛萤叶甲……………185	赭眉刺蛾…………………274	柱蜂虻…………………………233
榆津尺蛾…………………314	赭弄蝶……………………267	壮姬蜂…………………………361
榆绿天蛾…………………320	褶翅蜂……………………356	锥胸叩甲………………………149
榆木蠹蛾…………………285	褶翅小蜂…………………355	锥须步甲………………………125
榆锐卷象…………………218	针毛收获蚁………………364	紫斑绿尺蛾……………………311
榆隐头叶甲………………186	真蝽………………………104	紫翅圆胸花萤…………………156
榆掌舟蛾…………………334	榛金星尺蛾………………314	紫带姬尺蛾……………………308
雨尺蛾……………………308	榛卷象……………………219	紫额异巴蚜蝇…………………237
玉带蜉……………………012	织锦尺蛾龙潭亚种………307	紫光窄吉丁……………………145
原二翅蜉…………………005	蜘蛱蝶……………………258	紫蓝曼蝽………………………102
圆阿土蝽…………………098	直缝叩甲…………………149	紫穗槐豆象……………………179
圆斑卷象…………………218	直角婪步甲………………122	紫线尺蛾………………………306
圆点斑芫菁………………176	直同蝽……………………097	棕翅粗角跳甲…………………192
圆点普夜蛾………………330	直纹稻弄蝶………………269	棕古铜长蝽……………………084
圆顶梳龟甲………………183	指名黄盾蜂蚜蝇…………236	棕角匙同蝽……………………097
圆端斑鱼蛉………………116	栉形大蚊…………………224	棕静螳…………………………023
圆颊珠蝽…………………105	中根烙郭公甲……………158	棕宽胸露尾甲…………………162
圆龙虱……………………119	中国扁刺蛾………………274	棕麦蛾…………………………276
圆筒筒喙象………………210	中国枯叶尺蛾……………311	棕苜蓿蝽………………………078
圆臀大黾蝽………………067	中国双七瓢虫……………163	棕胸短头叶蝉…………………058
圆胸花萤…………………156	中国螳瘤蝽………………072	棕缘花萤………………………154
圆胸拟花萤………………160	中黑苜蓿盲蝽……………079	鬃胸蚜蝇………………………238
圆胸隐翅虫………………131	中华草蛉…………………029	纵条片头叶蝉…………………058
缘点尺蛾…………………311	中华刀螳…………………022	
缘吉丁……………………146	中华斗蟋…………………032	
缘殖肥螋…………………042	中华谷弄蝶………………268	
远东丽织蛾………………281	中华冠脊菱蜡蝉…………062	
远东拟天牛………………177	中华弧丽金龟……………138	
月斑钩萤甲………………161	中华寰蛉…………………026	
月大蚊……………………223	中华剑角蝗………………033	
月纹象蜡蝉………………063	中华绢蛾…………………275	
云斑车蝗…………………033	中华蜡天牛………………206	
云彩苔蛾…………………342	中华鳖尺蛾………………313	
云粉蝶……………………254	中华丽花金龟……………136	
云南松涧纹尺蛾…………307	中华萝藦叶甲……………190	
云杉小墨天牛……………208	中华裸角天牛……………208	
云纹虎甲…………………121	中华毛郭公甲……………158	
云舟蛾……………………335	中华泥色天牛……………202	
Z	中华拟歪尾蠊……………020	
杂毛合垫盲蝽……………076	中华钳叶甲………………189	
赞青尺蛾…………………311	中华螳小蜂………………355	
枣镰翅小卷蛾……………286	中华螳蝎蝽………………068	
枣桃六点天蛾……………318	中华驼蜂虻………………232	
蚤瘦花天牛………………196	中华乌叶蝉………………057	

拉丁学名索引

A

Abraxas grossulariata ········ 309
Abraxas suspecta ········ 306
Abraxas sylvata ········ 314
Acalolepta sublusca ········ 208
Acanthaspis cincticrus ········ 073
Acanthocinus (Acanthocinus) griseus ········ 208
Acanthocoris scaber ········ 090
Acanthosceiides pallidipennis ········ 179
Acanthosoma denticaudum ········ 097
Acanthosoma labiduroides ········ 096
Acanthosoma nigrodorsum ········ 096
Acanthosoma spinicolle ········ 097
Acleris sp. ········ 289
Aclypea daurica ········ 128
Acontia bicolora ········ 328
Acontia trabealis ········ 328
Acosmeryx naga naga ········ 319
Acrida cinerea ········ 033
Acrocorisellus serraticollis ········ 107
Acronicta adaucta ········ 327
Acronicta bellula ········ 327
Acropteris iphiata ········ 315
Acrorricnus nigriscutellatus ········ 361
Acrorrhinium sp. ········ 077
Actenicerus cf. alternatus ········ 150
Actias ningpoana ········ 302
Adaina microdactyla ········ 277
Adela sp. ········ 272
Adelphocoris fasciaticollis ········ 078
Adelphocoris melanocephalus ········ 079
Adelphocoris nigritylus ········ 079
Adelphocoris reicheli ········ 078
Adelphocoris rufescens ········ 078
Adelphocoris sp. ········ 078
Adelphocoris suturalis ········ 079
Adelphocoris tenebrosus ········ 079
Adicella sp. ········ 248
Adomerus rotundus ········ 098
Adoretus hirsutus ········ 137
Adosomus melogrammus ········ 212
Adoxophyes honmai ········ 289
Aedes albopictus ········ 225
Aedes chemulpoensis ········ 225
Aegomorphus clavipes ········ 195
Aegosoma sinicum ········ 208
Aelia fieberi ········ 102
Aeromachus inachus ········ 269
Afronurus costatus ········ 004
Afronurus kiangsuensis ········ 004
Agabus sp. ········ 119
Agapanthia (Amurobia) amurensis ········ 203
Agathia carissima ········ 311
Aglaostigma pieli ········ 351
Agnidra scabiosa fixseni ········ 316
Agomadaranus semiannulatus ········ 218
Agrilus sospes ········ 145
Agrilus sp. ········ 145
Agrotera nemoralis ········ 296

Agrotis tokionis ········ 333
Agrypnus argillaceus ········ 148
Agrypnus bipapulatus ········ 148
Agrypnus sp. ········ 148
Ahlbergia frivaldszkyi ········ 265
Aiolocariaa hexaspilota ········ 165
Alainites sp. ········ 006
Alcis castigataria ········ 310
Allobaccha apicalis ········ 237
Allodahlia scabriuscula ········ 041
Allodahlia sp. ········ 041
Aloa lactinea ········ 340
Amara gigantea ········ 123
Amara sp. ········ 123
Amata emma ········ 340
Amata ganssuensis ········ 340
Amblyjoppa sp. ········ 358
Amblypsilopus sp. ········ 234
Amblyptilia sp. ········ 277
Ambulyx schauffelbergeri ········ 319
Amegilla zonata ········ 370
Ammophila sickmanni sickmanni ········ 376
Ampedus sanguinolentus ········ 149
Ampedus sp. ········ 149
Ampelophaga rubiginosa rubiginosa ········ 319
Amphicoma fairmairei ········ 143
Amphinemura sp. ········ 019
Amphipoea fucosa ········ 331
Anaspis sp. ········ 169
Anastoechus aurecrinitus ········ 232
Anastoechus sp. ········ 232
Anastrephoides matsumurai ········ 241
Anax nigrofasciatus ········ 008
Anax parthenope ········ 008
Anchastelater shaanxiensis ········ 150
Ancistrocerus japonicus ········ 368
Ancylis comptana ········ 287
Ancylis sativa ········ 286
Andrena (Poecilandrena) viciae ········ 373
Andrena sp. ········ 373
Andrioplecta sp. ········ 287
Anechura japonica ········ 041
Angerona prunaria ········ 312
Anisogomphus maacki ········ 009
Anisosticta kobensis ········ 166
Anomala chamaeleon ········ 139
Anomala corpulenta ········ 139
Anomala ebenina ········ 139
Anomala laevisulcata ········ 139
Anomala mongolica ········ 139
Anomala palleola ········ 139
Anomala peckinensis ········ 138
Anomalon coreanum ········ 359
Anopheles hyrcanus ········ 225
Anoplistes halodendri ephippium ········ 195
Anoplistes halodendri pirus ········ 195
Anoplocnemis binotata ········ 091
Anoplophora chinensis ········ 200
Anoplophora glabripennis ········ 200

Anotogaster kuchenbeiseri ········ 008
Anterhynchium (Dirhynchium) flavolineatum flavolineatum ········ 368
Anthaxia (Melanthaxia) quadripunctata quadripunctata ········ 144
Anthaxia sp. ········ 144
Antheminia varicornis ········ 106
Anthinobaris dispilota ········ 215
Anthonomus terreus ········ 212
Anthophora sp. ········ 371
Apatophysis sieversi ········ 196
Apature iris ········ 261
Apethymus sp. ········ 350
Apethymus zhoui ········ 350
Aphanostigma jakusuiense ········ 047
Aphis citricola ········ 046
Aphrophora pectoralis ········ 053
Aphrophora rugosa ········ 053
Apis mellifera ········ 370
Apoderus coryli ········ 219
Apolygus spinolae ········ 074
Apophylia beeneni ········ 185
Aporia potanini ········ 254
Appasus japonicus ········ 069
Aquarius paludum ········ 067
Arachnospila sp. ········ 365
Aradus bergrothianus ········ 082
Aradus spinicollis ········ 082
Araeopteron amoena ········ 329
Araschnia levana ········ 258
Archips arcanus ········ 288
Archips asiaticus ········ 288
Archips ingentanus ········ 288
Archips issikii ········ 288
Archips sp. ········ 288
Arctornis l-nigrum ········ 337
Arge captiva ········ 346
Arge compar ········ 346
Arge pagana ········ 346
Arge sp. ········ 347
Argynnis laodice ········ 257
Argynnis paphia ········ 257
Argyresthia brockeella ········ 278
Arhopalus rusticus ········ 209
Aricia chinensis ········ 265
Arma koreana ········ 103
Arocatus melanostoma ········ 086
Arocatus rufipes ········ 086
Aromia bungii ········ 202
Artona funeralis ········ 273
Artona martini ········ 273
Ascalaphus sibiricus ········ 115
Ascotis selenaria ········ 310
Asemum striatum ········ 209
Asiacornococcus kaki ········ 051
Aspidomorpha difformis ········ 183
Astegania honesta ········ 314
Athalia decorata ········ 351
Athalia proxima ········ 351

Atkinsonia sp. 280	*Caissa longisaccula* 274	*Chlaenius variicornis* 124
Atlanticus sinensis 026	*Callambulyx tatarinovii tatarinovii* 320	*Chlorissa* sp. 313
Atrachea alpherakyi 326	*Calliptamus abbreviatus* 035	*Chlorocryptus coreanus* 360
Atractomorpha sinensis 037	*Callistethus plagiicollis impictus* 137	*Chlorophanus sibiricus* 214
Atrijuglans hetaohei 280	*Callopistria albolineola* 327	*Chlorophorus diadema diadema* 199
Atrocalopteryx atrata 014	*Callopistria repleta* 327	*Chlorophorus savioi* 199
Attalus sp. 160	*Calosoma lugens* 123	*Chlorophorus simillimus* 199
Attelabus sp. 219	*Calosoma maximoviczi* 123	*Chlorops* sp. 244
Atylotus sp. 227	*Calvia decemguttata* 165	*Chondracris rosea* 035
Aulacochilus luniferus 161	*Calvia muiri* 165	*Choristoneura evanidana* 289
Autosticha sp. 278	*Calyptra lata* 324	*Choroterpes* sp. 006
Auzata amaryssa 316	*Campiglossa* sp. 241	*Chorthippus* sp. 035
Axylia putris 333	*Camponotus atrox* 363	*Chrysis shanghaiensis* 363
B	*Camponotus japonicus* 364	*Chrysochus chinensis* 190
Baccha maculata 237	*Campsiura mirabilis* 135	*Chrysolina virgata* 190
Badister marginellus 126	*Camptomastix hisbonalis* 297	*Chrysomela populi* 188
Baetis sp. 006	*Cantao ocellatus* 100	*Chrysomela salicivorax* 191
Balsa leodura 323	*Cantharis brunneipennis* 154	*Chrysomyia megacephala* 245
Barsine striata 341	*Cantharis rufa* 154	*Chrysopa formosa* 112
Basilepta fulvipes 189	*Capnia* sp. 018	*Chrysopa pallens* 113
Bastilla arcuata 324	*Capperia jozana* 277	*Chrysopa* sp. 113
Batocera lineolata 205	*Carabus brandti* 126	*Chrysoperla nipponensis* 113
Batracomorphus sp. 057	*Carabus manifestus* 125	*Chrysopilus* sp. 228
Bembecia sareptana 283	*Carbula humerigera* 105	*Chrysotoxum* sp. 238
Bembidion sp. 125	*Cardiophorus* sp. 150	*Chytonix albonotata* 326
Bembina flavotriangulata 337	*Cardipennis sulcithorax* 213	*Cicadella viridis* 057
Bembix sp. 376	*Carige cruciplaga cruciplaga* 314	*Cicindela coerulea* 120
Betalbara acuminata 317	*Carilia tuberculicollis* 196	*Cicindela gemmata* 121
Bibio rufiventris 226	*Carpophilus chalybeus* 162	*Cicindela sachalinensis* 121
Bibio sp. 226	*Carposina niponensis* 291	*Cicindela transbaicalica* 120
Biston betularia 312	*Carterocephalus alcinoides* 266	*Cimbex* sp. 344
Biston panterinaria panterinaria 314	*Cassida fuscorufa* 183	*Cinara bungeanae* 045
Biston regalis comitata 314	*Cassida lineola* 182	*Cinara* sp. 045
Bizia aexaria 307	*Cassida nebulosa* 183	*Cionus* sp. 217
Bombus czerskii 369	*Cassida pallidicollis* 182	*Cistelomorpha apicipalpis* 171
Bombus ignatus 369	*Cassida piperata* 183	*Cixius* sp. 061
Bombus opulentus 370	*Cassida vespertina* 183	*Cladiscus obeliscus* 158
Bombus picipes 370	*Castanopsides falkovitshi* 074	*Cleopomiarus* sp. 211
Bombus pyrosoma 369	*Castanopsides potanini* 074	*Clepsis pallidana* 290
Bombus schrencki 369	*Cechenena lineosa* 320	*Clepsis rurinana* 290
Bombus trifasciatus 369	*Celypha cespitana* 287	*Clerus dealbatus* 159
Bombylella nubilosa 232	*Celypha flavipalpana* 286	*Cletus punctiger* 093
Bombylius stellatus 231	*Celyphus* sp. 244	*Cletus schmidti* 093
Borboresthes sp. 173	*Cephalochrysa* sp. 230	*Clinterocera scabrosa* 136
Bothynoderes declivis 215	*Ceratina okinawana* 371	*Clitellaria chikuni* 229
Brachycarenus tigrinus 094	*Ceratina satoi* 371	*Cloeon dipterum* 006
Brachymeria secundaria 354	*Ceratina* sp. 371	*Clogmia albipunctata* 226
Brachyphora nigrovittata 185	*Cerceris* sp. 376	*Clostera anachoreta* 336
Brachyzapus sp. 360	*Ceresium sinicum sinicum* 206	*Clytobius davidis* 198
Brahmaea certhia 303	*Ceriana grahami* 238	*Clytosemia pulchra nitidiceps* 201
Brahmina faldermanni 140	*Ceroplastes japonicas* 052	*Clytra laeviuscula* 191
Brenthia formosensis 291	*Cetonia magnifica* 135	*Clytus melaenus* 198
Brevipecten consanguis 326	*Cguzuella bonneti* 028	*Clytus raddensis* 199
Brithura sp. 223	*Challia gigantia* 042	*Cnizocoris sinensis* 072
Buprestis (Ancylocheira) haemorrhoidalis sibirica 146	*Chalybion* sp. 376	*Coccinella ainu* 166
	Chartographa fabiolaria 307	*Coccinella septempunctata* 164
Burmagomphus collaris 009	*Cheilocapsus nigrescens* 080	*Coccinula sinensis* 163
Byctiscus princeps 220	*Chiaenius naeviger* 124	*Coelioxys* sp. 374
Byctiscus sp. 220	*Chiasmia cinerearia* 312	*Coenonympha amaryllis* 256
Byturus affinis 157	*Chiasmia hebesata* 312	*Coenonympha oedippus* 256
C	*Chiasmia pluviata* 308	*Colias erate* 254
Cabera griseolimbata 310	*Chilades pandava* 264	*Comibaena nigromacularia* 311
Cacopsylla haimatsucola 048	*Chilocorus rubidus* 166	*Comibaena subprocumbaria* 311
Cacopsylla sp. 048	*Chionarctia niveus* 340	*Compsapoderus erythropterus* 219
Caenocara sp. 157	*Chlaenius micans* 124	*Condylostylus* sp. 234

Conocephalus chinensis ·····029	*Dendrolimus tabulaeformis* ·····304	*Elophila interruptalis* ·····300
Conocephalus maculatus ·····029	*Deraeocoris pulchellus* ·····080	*Embrikstrandia bimaculata* ·····204
Conogethes punctiferalis ·····299	*Deutoleon lineatus* ·····114	*Emphanisis kiritshenkoi* ·····084
Conophorus sp. ·····233	*Diachrysia nadeja* ·····329	*Empicoris* sp. ·····072
Copera tokyoensis ·····013	*Dianemobius fascipes* ·····031	*Enaptorhinus sinensis* ·····214
Coptosoma biguttulum ·····099	*Diaperis lewisi* ·····173	*Endotricha kuznetzovi* ·····293
Coraebus sp. ·····144	*Diaphania indica* ·····297	*Endotricha* sp. ·····293
Coranus sp. ·····073	*Diaphania perspectalis* ·····297	*Endropiodes abjecta* ·····308
Coreus potanini ·····091	*Dicerca aenea chinensis* ·····146	*Ennomos infidelis* ·····310
Coreus spinigerus ·····091	*Dicerca aino* ·····146	*Enochrus bicolor* ·····127
Corgatha costimacula ·····332	*Dichagyris triangularis* ·····330	*Eophileurus chinensis* ·····142
Corgatha pygmaea ·····332	*Dichomeris* sp. ·····276	*Eoscarta assimilis* ·····053
Corythucha ciliata ·····088	*Dicronocephalus adamsi* ·····134	*Epatolmis caesarea* ·····340
Cosmiomorpha decliva ·····135	*Dicronocephalus bowringi* ·····134	*Ephemera* sp. ·····003
Cosmiomorpha setulosa ·····135	*Dictenidia pictipennis pictipennis* ·····222	*Ephemera wuchowensis* ·····003
Cosmopterix crassicervicella ·····279	*Didesmococcus koreanus* ·····052	*Epiblema foenella* ·····287
Cotachena alysoni ·····299	*Dilipa fenestra* ·····259	*Epicallima conchylidella* ·····281
Crabro sp. ·····376	*Diomea cremata* ·····326	*Epicauta sibirica* ·····175
Crambus perlellus ·····300	*Dioryctria* sp. ·····294	*Epicopeia mencia* ·····315
Craniophora ligustri ·····330	*Diostrombus politus* ·····060	*Epidaus tuberosus* ·····073
Craspedometopon frontale ·····230	*Dioxyna bidentis* ·····241	*Epilachna insignis* ·····163
Crematogaster sp. ·····364	*Diplazon laetatorius* ·····358	*Epirrhoe supergressa albigressa* ·····310
Cremnops desertor ·····362	*Diplazon tetragonus* ·····358	*Episomus* sp. ·····214
Crepidodera sp. ·····193	*Discoelius zonalis* ·····367	*Episymploce sinensis* ·····020
Crioceris duodecimpunctata ·····180	*Dolerus* sp. ·····352	*Episyron* sp. ·····365
Crocothemis servilia mariannae ·····012	*Dolichopus* sp. ·····234	*Epitrichius bowringii* ·····141
Cryptocephalus confusus ·····187	*Dolycoris baccarum* ·····108	*Eretes griseus* ·····119
Cryptocephalus cunctatus ·····186	*Donacia provosti* ·····180	*Eriosoma lanigerum* ·····047
Cryptocephalus koltzei ·····187	*Donaciolagria kurosawai* ·····174	*Eristalinus sepulchralis* ·····235
Cryptocephalus lemniscatus ·····186	*Dorcus rubrofemoratus chenpengi* ·····132	*Eristalinus* sp. ·····235
Cryptocephalus limbellus ·····187	*Dorysthenes* (*Cyrtognathus*) *paradoxus* ·····204	*Eristalinus tarsalis* ·····235
Cryptocephalus multiplex multiplex ·····186	*Dorytomus* sp. ·····216	*Eristalis tenax* ·····237
Cryptocephalus oxysternus ·····186	*Doryxenoides tibialis* ·····185	*Erynnis montanus* ·····269
Cryptocephalus regalis cyanesscens ·····186	*Drabescoides nuchalis* ·····058	*Etiella zinckenella* ·····294
Cryptocephalus regalis regalis ·····187	*Drabescus ogumae* ·····058	*Eucera pekingensis* ·····372
Cryptocephalus sp. ·····186	*Drepanepteryx phalaenoides* ·····111	*Eucera polychroma* ·····371
Cryptomyzus taoi ·····046	*Drilaster* sp. ·····153	*Eucera* sp. ·····372
Cryptotympana atrata ·····066	*Drosicha corpulenta* ·····050	*Euceraphis betulijaponicae* ·····045
Crytocephalus hyacinthinus ·····187	*Drosophila melanogaster* ·····242	*Euchorthippus unicolor* ·····034
Cteniopinus diversipunctatus ·····171	*Drunella* sp. ·····005	*Eucibdelus* sp. ·····130
Cteniopinus tenuitarsis ·····171	*Ducetia japonica* ·····028	*Euclasta stoetzneri* ·····299
Ctenoplusia agnata ·····327	*Dudusa sphingiformis* ·····335	*Eucryptorrhynchus brandti* ·····213
Culex pipiens pallens ·····225	*Dypterygia caliginosa* ·····329	*Eugalta* sp. ·····360
Culex sitiens ·····225	*Dysgonia mandschuriana* ·····324	*Eugnamptus* sp. ·····220
Curculio dentipes ·····213	*Dysmilichia gemella* ·····323	*Eugnathus* sp. ·····211
Curculio distinguendus ·····215	**E**	*Euhampsonia cristata* ·····336
Curculio sp. ·····216	*Earias pudicana* ·····330	*Euhampsonia serratifera* ·····336
Cyana ariadne ·····341	*Earinus* sp. ·····362	*Euhampsonia splendida* ·····336
Cychramus luteus ·····162	*Ecliptopera umbrosaria phaedropa* ·····309	*Euides speciosa* ·····049
Cylindera elisae ·····121	*Ectasiocnemis anchoralis* ·····169	*Eulithis ledereri ledereri* ·····312
Cylindrotoma sp. ·····224	*Ectasiocnemis elongata* ·····169	*Eumantispa harmandi* ·····110
Cyllorhynchites ursulus ·····215	*Ectatorrhinus adamsi pascoe* ·····214	*Eumenes mediterraneus manchurianus* ·····367
Cyrtepistomus castaneus ·····211	*Ectmetopterus micantulus* ·····080	*Eumenes punctatus* ·····368
Cyrtoclytus capra ·····200	*Ectropis excellens* ·····306	*Eumenes quadratus quadratus* ·····368
Cyrtosus christophi ·····160	*Ectrychotes andreae* ·····071	*Eumyllocerus* sp. ·····216
D	*Edessena hamada* ·····333	*Euodynerus* (*Pareuodynerus*) *nipanicus* ·····368
Dactylispa angulosa ·····188	*Eilema lutarella* ·····342	*Eupalamus giganteus* ·····359
Daimio tethys ·····268	*Eilema sororcula* ·····342	*Eupeodes corollae* ·····239
Dasydemella sp. ·····043	*Eilema* sp. ·····342	*Euphranta* (*Rhacochlaena*) *nigrescens* ·····241
Deferunda rubrostigma ·····063	*Elachiptera sibirica* ·····244	*Eupoecilia ambiguella* ·····289
Deielia phaon ·····010	*Elasmostethus* sp. ·····097	*Eupoecilia citrinana* ·····289
Deilephila elpenor ·····319	*Elasmucha angulare* ·····097	*Eupolyphaga sinensis* ·····020
Deltoplastis sp. ·····285	*Elasmucha dorsalis* ·····097	*Euproctis kurosawai* ·····338
Demonax seoulensis ·····199	*Elater businskyi* ·····151	*Euproctis varians* ·····337
Dendroleon similis ·····114	*Elimaea* sp. ·····026	*Eurema mandarina* ·····254

Eurhadina sp. 057	*Gonepteryx* sp. 254	*Hololepta* sp. 127
Eurocania clara 064	*Goniagnathus rugulosus* 055	*Homalogonia grisea* 106
Euroleon coreanus 114	*Gonitis mesogona* 326	*Homalogonia obtusa* 106
Eurostus validus 108	*Gonocephalum coriaceum* 172	*Homoeocerus dilatatus* 090
Eurydema dominulus 104	*Gonolabis marginalis* 042	*Homoneura* sp. 243
Eurydema gebleri 104	*Gonopsis affinis* 108	*Horridipamera lateralis* 087
Eurygaster testudinaria 100	*Gorpis japonicus* 081	*Hyalessa maculaticollis* 065
Eurystylus coelestialium 076	*Graphoderus* sp. 119	*Hyalopterus arundimis* 046
Eurystylus sp. 076	*Grapholita delineana* 290	*Hybomitra* sp. 227
Euselates moupinensis 136	*Grapholita* sp. 290	*Hycleus medioinsignatus* 176
Eutelia hamulatrix 330	*Graphosoma rubrolineatum* 105	*Hycleus solonicus* 176
Eutomostethus tricolor 350	*Gregopimpla kuwanae* 359	*Hydrelia nisaria* 307
Euxiphydria potanini 344	*Gryllotalpa orientalis* 032	*Hydrillodes morosa* 324
Everes argiades 262	**H**	*Hydrillodes pacificus* 324
Evergestis extimalis 295	*Hadena aberrans* 332	*Hygia lativentris* 090
Evergestis junctalis 295	*Haematoloecha limbata* 070	*Hylaeus* sp. 373
Evonima mandechuriana 338	*Haematopota tamerlani* 227	*Hylobius haroldi* 214
Exoprosopa turkestanica 232	*Hagapteryx mirabilior* 335	*Hymenalia rufipennis* 173
Eysarcoris ventralis 102	*Halictus arearius* 375	*Hypena tristalis* 325
F	*Halictus tsingtouensis* 375	*Hypena zilla* 325
Fabriciana adippe 261	*Halyomorpha halys* 106	*Hypera* sp. 217
Falcicornis tenuecostatus tenuecostatus 133	*Halyzia sanscrita* 164	*Hyperaspis amurensis* 163
Falsomordellistena sp. 168	*Haplotropis* sp. 036	*Hyphantria cunea* 342
Favonius sp. 264	*Haritalodes derogata* 298	*Hypomecis roboraria* 305
Ferdinandea sp. 238	*Harmonia axyridis* 167	*Hypoxystis pulcheraria* 311
Flavocrambus sp. 300	*Harmonia yedoensis* 165	*Hypsopygia regina* 294
Foenatopus sp. 354	*Harpalus corporosus* 122	**I**
Forficula sp. 040	*Harpalus crates* 122	*Iassus dorsalis* 058
Formica clara sinae 364	*Harpalus froelichii* 122	*Idaea biselata* 313
Furcula furcula 336	*Harpalus griseus* 122	*Idaea impexa* 308
G	*Harpalus pallidipennis* 122	*Idaea muricata* 313
Gabala argentata 321	*Harpalus* sp. 122	*Idiocerus* sp. 058
Gagitodes sagittata 305	*Harpocera* sp. 074	*Illiberis pruni* 273
Galeruca sp. 185	*Helicoverpa armigera* 333	*Illiberis translucida* 273
Galerucella sp. 185	*Heliothela nigralbata* 295	*Ilyocoris cimicoides* 083
Gallerucida bifasciata 184	*Heliothis adaucta* 333	*Inachis io* 260
Gametis bealiae 135	*Hellula undalis* 299	*Inocellia* sp. 117
Gametis jucunda 135	*Helophilus virgatus* 238	*Iotaphora admirabilis* 307
Gampsocleis sedakovii 029	*Hemerobius japonicus* 111	*Iragaodes nobilis* 328
Gandaritis sinicaria sinicaria 311	*Hemicrepidius oblongus* 149	*Iron pellucidus* 004
Garpis brevilineatus 081	*Hemicrepidius* sp. 149	*Ischnomera abdominalis* 177
Gasteruption japonicum 356	*Hemipenthes beijingensis* 231	*Ischnura asiatica* 015
Gasteruption sp. 356	*Hemipenthes* sp. 231	*Ischnura elegans* 015
Gastrimargus marmoratus 033	*Hemipyxis plagioderoides* 192	*Isyndus obscurus* 072
Gastrolina depressa 190	*Henicolabus giganteus* 219	*Italochrysa nigrovenosa* 112
Gastropacha populifolia 304	*Henosepilachna vigintioctomaculata* 167	*Itoplectis alternans epinotiae* 361
Gastrophysa atrocyanea 191	*Hercostomus* sp. 234	**J**
Gastrophysa polygoni 191	*Heriades parvula* 374	*Jocara vinotinctalis* 293
Gelastocera exusta 323	*Herminia arenosa* 325	**K**
Geocoris pallidipennis 085	*Herminia grisealis* 325	*Kamendaka beijingensis* 060
Geocoris varius 085	*Herminia stramentacealis* 325	*Kamimuria* sp. 017
Geron sinensis 232	*Hestina assimilis* 259	*Kentrochrysalis sieversi* 318
Gerris sp. 067	*Hestina persimilis* 259	*Kleidocerys resedae* 084
Glanycus tricolor 301	*Heterostegane cararia lungtanensis* 307	*Kolla atramentaria* 055
Glossosoma sp. 250	*Heterotarsus carinula* 172	*Kosemia admirabilis* 066
Glossosphecia romanovi 282	*Hierodula patellifera* 023	*Kosemia yamashitai* 066
Glycyphana fulvistemma 134	*Hilyotrogus bicoloreus* 140	*Kuohledra kuohi* 056
Glyphocassis spilota 182	*Himacerus apterus* 081	*Kuzicus suzukii* 028
Glyphodes quadrimaculalis 298	*Himacerus* sp. 081	**L**
Glypta sp. 360	*Hippodamia tredecimpunctata* 164	*Labdia niphosticta* 279
Gnophos creperaria 312	*Hippodamia variegata* 163	*Labidocoris pectoralis* 071
Gnorismoneura orientis 290	*Hishimonoides* sp. 054	*Labidostomis chinensis* 189
Goera sp. 249	*Hishimonus lamellatus* 054	*Labidostomis urticarum* 189
Gomphidia confluens 009	*Holcocerus insularis* 285	*Labidura riparia* 042
Gonepatica opalina 328	*Holcocerus vicarius* 285	*Labiobaetis* sp. 006

Laccoptera nepalensis ·······182	*Luperomorpha* sp. ·······192	*Messor aciculatus* ·······364
Laccotrephes japonensis ·······068	*Luperomorpha xanthodera* ·······192	*Metacolpodes buchanani* ·······125
Lachnus tropicalis ·······045	*Luprops orientalis* ·······173	*Metatropis tesongsanica* ·······083
Laciniodes denigrata abiens ·······311	*Lycaena phlaeas* ·······262	*Metopius* sp. ·······360
Lagria nigricollis ·······174	*Lycocerus pubicollis* ·······155	*Microcalicha melanosticta* ·······306
Lagria sp. ·······174	*Lycorma delicatula* ·······061	*Microchrysa japonica* ·······230
Lamelligomphus ringens ·······009	*Lycostomus porphyrophorus* ·······152	*Microporus nigrita* ·······098
Lamiomimus gottschei ·······208	*Lycostomus* sp. ·······152	*Mileewa ussurica* ·······056
Lamprodila (palmar) virgata ·······147	*Lygaeus hanseni* ·······086	*Miltochrista calamina* ·······341
Lamprosema sibirialis ·······296	*Lygaeus teraphoides* ·······086	*Miltochrista miniata* ·······341
Laodelphax striatella ·······049	*Lymantria dispar* ·······337	*Miltochrista pulchra* ·······341
Laothoe amurensis ·······318	*Lymantria monacha* ·······337	*Mimathyma nycteis* ·······261
Larinus griseopilosus ·······212	*Lytta caraganae* ·······175	*Mimela holosericea* ·······138
Larinus scabrirostris ·······212	**M**	*Mimela testaceoviridis* ·······138
Lasioglossum mutilum ·······375	*Mabra charonialis* ·······298	*Minettia* sp. ·······243
Lasioglossum sp. ·······375	*Macdunnoughia confuse* ·······326	*Minois dryas* ·······256
Lasiommata deidamia ·······256	*Macdunnoughia purissima* ·······327	*Miyakea raddeellus* ·······300
Lasiotrichius succinctus hanaoi ·······141	*Machaerotypus mali* ·······059	*Mocis ancilla* ·······321
Lasius fuliginosus ·······364	*Machaerotypus sibiricus* ·······059	*Moechotypa diphysis* ·······203
Laspeyria flexula ·······329	*Macroglossum bombylans* ·······320	*Moma alpium* ·······322
Ledra auditura ·······056	*Macroglossum stellatarum* ·······320	*Monema flavescens* ·······274
Lelia decempunctata ·······103	*Macrophya depressina* ·······348	*Mongolotettix* sp. ·······034
Lema concinnipennis ·······181	*Macrophya infumata* ·······348	*Monochamus (Monochamus) sutor longulus* ···208
Lema decempunctata ·······180	*Macrophya zhui* ·······348	*Mordella holomelaena sibirica* ·······168
Lema honorata ·······181	*Malachinus* sp. ·······160	*Morinowotome* sp. ·······241
Lemyra imparilis ·······339	*Maladera orientalis* ·······141	*Mylabris aulica* ·······176
Lepidepistomodes sp. ·······211	*Maladera* sp. ·······142	*Myllaena* sp. ·······131
Lepidostoma sp. ·······247	*Maliattha rosacea* ·······333	*Myrmeleon solers* ·······114
Lepisma sp. ·······001	*Maliattha signifera* ·······324	*Mystacides azureus* ·······248
Leptoglossus occidentalis ·······090	*Malthinus* sp. ·······154	*Mystacides* sp. ·······248
Leptosemia takanonis ·······065	*Mantis religiosa* ·······022	*Mythimna rufipennis* ·······328
Leptura aethiops ·······197	*Mantispa styriaca* ·······110	*Myzus persicae* ·······046
Leptura annularis ·······197	*Maruca vitrata* ·······299	**N**
Lepyronia sp. ·······053	*Marumba gaschkewitschii* ·······318	*Nabis reuteri* ·······081
Lepyrus japonicus ·······212	*Matrona basilaris* ·······014	*Nacna malachitis* ·······332
Leucoma salicis ·······337	*Mecyna gracilis* ·······298	*Nacolus assamensis* ·······054
Leucospis sp. ·······355	*Megachile* sp. ·······374	*Naganoella timandra* ·······330
Ligdia sinica ·······313	*Megaconema geniculata* ·······027	*Narosa ochracea* ·······274
Ligyra sp. ·······233	*Megacopta bituminata* ·······099	*Nebrioporus* sp. ·······119
Lilioceris sieversi ·······181	*Megacopta cribraria* ·······099	*Nebrioporus airumlus* ·······119
Lilioceris theana ·······181	*Megalodontes interruptus* ·······345	*Necyla shirozui* ·······110
Limois kikuchii ·······062	*Megalotomus junceus* ·······089	*Nematopogon* sp. ·······272
Lindbergicoris hochii ·······097	*Megarhyssa* sp. ·······358	*Nematus* sp. ·······349
Lindneromyia sp. ·······235	*Megaspilates mundataria* ·······305	*Nemophora askoldella* ·······271
Liorhyssus hyalinus ·······093	*Megastigmus* sp. ·······355	*Nemophora decisella* ·······270
Lissorhoptrus oryzophilus ·······215	*Megaulacobothrus* sp. ·······034	*Nemophora diplophragma* ·······270
Lista haraldusalis ·······293	*Melanargia epimede* ·······255	*Nemophora divina* ·······271
Lithacodia gracilior ·······333	*Melanchra persicariae* ·······323	*Nemophora optima* ·······270
Litobrenthia sp. ·······291	*Melanopachycerina* sp. ·······243	*Nemophora raddei* ·······271
Lixus fukienensis ·······210	*Melanostoma mellinum* ·······237	*Nemophora* sp. ·······271
Lixus ochraceus ·······210	*Melanotus cribricollis* ·······149	*Neocalyptis liratana* ·······290
Lixus subtilis ·······210	*Melanthia procellata inexpectata* ·······310	*Neocerambyx raddei* ·······205
Lobocla bifasciata ·······267	*Meliboeus* sp. ·······146	*Neochauliodes rotundatus* ·······116
Lomaspilis marginata ·······311	*Melitaea didymoides* ·······259	*Neolethaeus dallasi* ·······084
Lomatia shanguii ·······232	*Melitaea protomedia* ·······259	*Neoperla* sp. ·······017
Lophomilia polybapta ·······331	*Meloe violaceus* ·······175	*Neopheosia fasciata* ·······335
Lordithon sp. ·······131	*Melolontha frater* ·······140	*Neoserica ursina* ·······142
Loxoblemmus doenizi ·······031	*Melolontha incana* ·······140	*Neothosea suigensis* ·······274
Loxocera univittata ·······242	*Menesia sulphurata* ·······205	*Neotriplax* sp. ·······161
Loxostege aeruginalis ·······296	*Menida disjecta* ·······102	*Nephopterix bicolorella* ·······294
Lucanus dybowski dybowski ·······132	*Menida violacea* ·······102	*Nephrotoma* sp. ·······222
Lucidina sp. ·······153	*Mermitelocerus annulipes* ·······075	*Neptis andetria* ·······260
Lucilia sp. ·······245	*Merohister jekeii* ·······127	*Neptis rivularis* ·······260
Ludioschema obscuripes ·······151	*Mesosa (Mesosa) myops* ·······206	*Neptis sappho* ·······260
Ludioschema sp. ·······151	*Mesosa (Perimesosa) hirsuta* ·······206	*Neptis themis* ·······260

Netalia sp.	361	
Neuroctenus argyraeus	082	
Nicrophorus maculifrons	129	
Nicrophorus nepalensis	129	
Nihonogomphus cultratus	009	
Nineta sp.	113	
Ninodes albarius	313	
Ninodes splendens	313	
Niphanda fusca	264	
Niphonyx segregata	322	
Niponostenostola lineata	207	
Nokona aurivena	283	
Nola confusalis	338	
Nolathripa lactaria	328	
Nomada sp.	372	
Nomada thoracica	372	
Nomophila noctuella	297	
Nonarthra cyanea	193	
Nordstromia japonica	317	
Notarcha quaternalis	296	
Nothomyllocerus sp.	211	
Notoxus trinotatus	178	
Nudina artaxidia	342	
Nysius sp.	085	

O

Oberea (Oberea) fuscipennis	207
Oberthueria falcigera	303
Ochlodes similis	267
Ochlodes sp.	267
Ochlodes subhyalina	267
Ochrochira potanini	091
Odonestis pruni	304
Odontomyia garatas	229
Odontomyia hirayamae	229
Odontopera arida	312
Oecanthus longicauda	032
Oecetis sp.	248
Oecleopsis sinicus	062
Oedaleus infernalis	033
Oedecnema gebleri	196
Oedemera amurensis	177
Oedemera lucidicollis	177
Oedemera lurida sinica	177
Oides decempunctata	184
Okeanos quelpartensis	107
Olenecamptus clarus	201
Olenecamptus octopustulatus	201
Olenecamptus subobliteratus	201
Olethreutes captiosana	287
Olethreutes dolosana	286
Olethreutes electana	287
Olethreutes sp.	288
Oligophlebia sp.	282
Omiodes tristrialis	296
Oncocephalus simillimus	072
Oncocera semirubella	294
Opatrum subaratum	172
Ophraella communa	184
Ophthalmitis albosignaria	309
Opilo fenestratus	159
Opogona sp.	275
Opsibotya fuscalis	296
Oreasiobia sp.	040
Oreumenes decoratus	368
Orthaga achatina	293

Orthetrum albistylum	010
Orthetrum lineostigma	010
Orthezia sp.	050
Orthocephalus funestus	075
Orthopagus lunulifer	063
Orthotylus flavosparsus	076
Orthotylus kogurjonicus	076
Oruza divisa	324
Oruza submirella	324
Orybina regalis	294
Ostrinia sp.	299
Oulema viridula	180
Ourapteryx sp.	306
Oxya sp.	036
Oxycera laniger	228

P

Pachybrachis scriptidorsum	187
Pachygrontha antennata	087
Paederus tamulus	130
Palaeomystis falcataria	306
Paleosepharia posticata	184
Pallasiola absinthii	184
Palomena chapana	103
Palpita nigropunctalis	296
Panagaeus davidi	125
Panaorus adspersus	084
Pancalia isshikii amurella	279
Pandemis emptycta	289
Pandemis heparana	289
Pandemis phaenotherion	289
Pangrapta flavomacula	331
Pangrapta obscurata	331
Pangrapta vasava	331
Pantala flavescens	012
Pantaleon dorsalis	059
Pantilius gonoceroides	077
Papilio dehaani	252
Papilio maackii	252
Papilio xuthus	252
Parabatozouns sp.	365
Paracercion calamorum	015
Paracercion melanotum	015
Paracolax contigua	329
Paracolax trilinealis	329
Paracolax tristalis	329
Paracycnotrachelus chinensis	219
Paracymoriza prodigalis	300
Paradieuches dissimilis	087
Paragabara flavomacula	321
Paragaurotes ussuriensis	197
Paraglenea soluta	209
Paragus tibialis	239
Paralebeda femorata	304
Paraleuctra orientalis	019
Paraleptophlebia sp.	006
Paranerice hoenei	335
Parasa consocia	274
Paratenodera sinensis	022
Parena tripunctata	125
Parnara guttata	269
Parnassius glacialis	252
Paroplapoderus turbidus	218
Pedicia sp.	224
Pedinotrichia parallela	140
Pedinus strigosus	172

Peirates fulvescens	071
Peirates turpis	071
Pelopidas mathias	268
Pelopidas sinensis	268
Pelopidas sp.	268
Pelosia noctis	342
Pennisetia fixseni	282
Pentatoma rufipes	104
Pentatoma semiannulata	104
Pentatoma sp.	104
Penthetria sp.	226
Penthimia sinensis	057
Periacma sp.	278
Pericallia matronula	339
Peridea elzet	336
Peridea lativitta	336
Perissus fairmairei	198
Perizoma parvaria	310
Perlodinella fuliginosa	018
Petalocephala engelhardti	058
Phalera angustipennis	334
Phalera assimilis	334
Phalera flavescens	334
Phalera grotei	334
Phalera takasagoensis	334
Phaneroptera (Phaneroptera) falcata	027
Phenacoccus fraxinus	051
Phenolia picta	162
Pheosia rimosa	336
Philonthus sp.	130
Phosphuga atrata	128
Phryganogryllacris unicolor	030
Phthonandria emaria	313
Phthonosema serratilinearia	308
Phthonosema tendinosaria	305
Phygasia fulvipennis	192
Phyllopertha diversa	137
Phyllopertha horticola	137
Phyllosphingia dissimilis dissimilis	318
Phymatodes (Phymatodellus) infasciatus	195
Physetobasis dentifascia mandarinaria	314
Physosmaragdina nigrifrons	194
Phytoecia (Cinctophytoecia) cinctipennis	207
Picromerus lewisi	107
Pieris candida	254
Pilophorus sp.	080
Pimpla disparis	359
Pimpla luctuosa	359
Pingasa pseudoterpnaria pseudoterpnaria	314
Pipiza flavimaculata	237
Placosternum esakii	101
Plagiodera versicolora	190
Plagiognathus amurensis	076
Plagodis dolabraria	312
Plagodis pulveraria	314
Plateros koreanus	152
Platycnemis foliacea	013
Platycnemis phyllopoda	013
Platydracus sp.	131
Platypleura kaempferi	065
Platystoma mandschuricum	242
Platystomos sellatus	213
Plautia crossota	103
Plautia lushanica	103
Plebejus argyrognomon	265

Pleonomus canaliculatus ·········150	*Pseudoips prasinana* ·········322	*Rhyothemis fuliginosa* ·········012
Plesiophthalmus davidis ·········172	*Pseudopyrochroa facialis* ·········170	*Rhyparioides amurensis* ·········340
Pleuroptya chlorophanta ·········298	*Pseudothemis zonata* ·········012	*Ricania speculum* ·········064
Pleuroptya quadrimaculalis ·········298	*Pseudotolida* sp. ·········168	*Riptortus pedestris* ·········089
Plinachtus bicoloripes ·········092	*Pseudotorynorrhina japonica* ·········134	*Rivula sericealis* ·········322
Plodia interpunctella ·········293	*Psilogramma increta* ·········318	*Rondibilis horiensis hongshana* ·········206
Plusiodonta casta ·········326	*Psilus* sp. ·········357	*Rondibilis* sp. ·········206
Plutella xylostella ·········284	*Psylliodes attenuata* ·········193	*Ropica coreana* ·········206
Podabrus dilaticollis ·········154	*Psylliodes* sp. ·········193	*Rosalia (Rosalia) coelestis* ·········207
Podagrion chinensis ·········355	*Psyllobora vigiduopunctata* ·········164	*Rosama ornata* ·········335
Podalonia sp. ·········376	*Ptecticus aurifer* ·········230	*Rubiconia intermedia* ·········105
Poecilocoris lewisi ·········100	*Ptecticus japonicus* ·········230	*Rubiconia peltata* ·········105
Poecilus sp. ·········126	*Pterolophia (Pterolophia) angusta multinotata* ·········203	**S**
Pogonocherus dimidiatus ·········204	*Pterolophia (Pterolophia) granulata* ·········205	*Sabra harpagula* ·········316
Polia goliath ·········328	*Pteronemobius (Pteronemobius) nitidus* ·········031	*Saldula* sp. ·········082
Polistes chinensis antennalis ·········367	*Ptochidius tessellatus* ·········215	*Samia cynthia* ·········302
Polistes mandarinus ·········367	*Ptomascopus plagiatus* ·········129	*Sandalus bourgeoisi* ·········143
Polistes rothneyi ·········367	*Ptycholoma lecheana* ·········290	*Saperda (Compsidia) bilineatocollis* ·········207
Polistes snelleni ·········367	*Purpuricenus lituratus* ·········209	*Sarbanissa venusta* ·········321
Polygonia c-album ·········258	*Pycnarmon lactiferalis* ·········299	*Sargus mactans* ·········229
Polygonia c-aureum ·········258	*Pygolampis bidentata* ·········073	*Sasakia charonda* ·········261
Polylopha sp. ·········290	*Pygopteryx suava* ·········322	*Satyrium exima* ·········265
Polymerus cognatus ·········075	*Pylargosceles steganioides* ·········307	*Scaphoideus festivus* ·········056
Polymerus pekinensis ·········075	*Pylorgus porrectus* ·········087	*Scardamia aurantiacaria* ·········309
Polymerus unifasciatus ·········075	*Pyralis regalis* ·········294	*Scathophaga stercoraria* ·········245
Polyphylla laticollis ·········140	*Pyrausta mutuurai* ·········297	*Sciapus* sp. ·········234
Polyzonus fasciatus ·········205	*Pyrausta tithonialis* ·········297	*Sciasminettia* sp. ·········243
Pontia edusa ·········254	*Pyrausta unipunctata* ·········297	*Sciota* sp. ·········294
Popillia flavosellata ·········138	*Pyrgus maculatus* ·········269	*Scopula* sp. ·········308
Popillia mutans ·········138	*Pyrocoelia pectoralis* ·········153	*Scythris sinensis* ·········275
Popillia quadriguttata ·········138	*Pyrrhalta (Xanthogaleruca) maculicollis* ·········185	*Scythris* sp. ·········275
Porthesia similis ·········338	*Pyrrhia umbra* ·········323	*Scythropiodes* sp. ·········279
Potamometra sp. ·········067	*Pyrrhocoris sibiricus* ·········089	*Semblis phalaenoides* ·········249
Prionus insularis ·········204	*Pyrrhocoris sinuaticollis* ·········089	*Senoclidea decora* ·········348
Prismognathus davidis davidis ·········133	**R**	*Sepedon aenescens* ·········240
Pristomerus scutellaris ·········361	*Raivuna patruelis* ·········063	*Sepsis latiforceps* ·········240
Pristomerus vulnerator ·········361	*Ramulus* sp. ·········024	*Sepsis thoracica* ·········240
Problepsis eucircota ·········308	*Ranatra chinensis* ·········068	*Serica rosinae* ·········142
Prochoreutis sehestediana ·········291	*Rapala caerulea* ·········263	*Sericinus montelus* ·········253
Procloeon sp. ·········005	*Reduvius fasciatus* ·········071	*Serphus* sp. ·········357
Promalactis rubra ·········281	*Rehimena phrynealis* ·········295	*Shirahoshizo* sp. ·········217
Promalactis sp. ·········281	*Reptalus quadricinctus* ·········062	*Shirakiacris shirakii* ·········035
Promalactis suzukiella ·········281	*Reptalus* sp. ·········061	*Shirozua jonasi* ·········264
Propylea japonica ·········163	*Retinia coeruleostriana* ·········286	*Sibirarctia kindermanni* ·········339
Prosevania sp. ·········356	*Retinia cristata* ·········286	*Sieboldius albardae* ·········009
Prosomoeus brunneus ·········087	*Rhabdoclytus acutivittis* ·········198	*Sinna extrema* ·········330
Prosopocoilus astacoides blanchardi ·········132	*Rhacognathus corniger* ·········101	*Sinocharis korbae* ·········323
Prospalta cyclica ·········330	*Rhagastis mongoliana* ·········319	*Sinomphisa plagialis* ·········298
Prostemma longicolle ·········081	*Rhagonycha* sp. ·········154	*Siobla zenaida* ·········352
Protaetia brevitarsis ·········136	*Rhantus suturalis* ·········119	*Sitona* sp. ·········217
Protaetia famelica ·········136	*Rhaphuma gracilipes* ·········199	*Smaragdina aurita hammarstrpemi* ·········194
Protaetia mandschuriensis ·········136	*Rhinotropidia rostrata* ·········239	*Smaragdina semiaurantiaca* ·········194
Prothemus purpuripennis ·········156	*Rhipidia* sp. ·········224	*Smaragdina* sp. ·········194
Prothemus sp. ·········156	*Rhogogaster convergens* ·········349	*Soronia fracta* ·········162
Protidricerus stenopterus ·········115	*Rhopalovalva catharotorna* ·········286	*Spaelotis ravida* ·········322
Protohermes xanthodes ·········116	*Rhopalovalva grapholitana* ·········287	*Spatalia dives* ·········335
Protoschinia scutosa ·········332	*Rhopalus latus* ·········094	*Spatalia doerriesi* ·········335
Pryeria sinica ·········273	*Rhopalus maculatus* ·········094	*Spermophagus titivilitus* ·········179
Pseudalbara parvula ·········317	*Rhorus* sp. ·········361	*Sphaeniscus atilius* ·········241
Pseudalosterna elegantula ·········197	*Rhyacionia pinicolana* ·········287	*Sphaerophoria indiana* ·········239
Pseudapis mandschurica ·········375	*Rhynchina cramboides* ·········326	*Sphaerophoria* sp. ·········239
Pseudargyria interruptella ·········300	*Rhynchites foveipennis* ·········217	*Sphecodes* sp. ·········375
Pseudaulacaspis pentagona ·········052	*Rhynocoris altaicus* ·········070	*Sphecodptera rhynchioides* ·········282
Pseudocatharylla simplex ·········300	*Rhynocoris leucospilus rubromarginatus* ·········070	*Sphedanolestes impressicollis* ·········073
Pseudocneorhinus sp. ·········216		*Sphingonotus mongolicus* ·········033

Sphinx caligineus sinicus	319	
Sphinx ligustri	320	
Sphiximorpha bellifacialis	238	
Sphragifera biplagiata	331	
Sphragifera sigillata	331	
Spilarctia lutea	339	
Spilomyia suzukii	238	
Spilopera debilis	307	
Spodoptera exigua	332	
Spodoptera frugiperda	331	
Spoladea recurvalis	297	
Stathmopoda auriferella	280	
Statilia maculata	023	
Staurophora celsia	327	
Stauropus basalis	335	
Stenbergmania albomaculalis	321	
Stenhomalus taiwanus	209	
Stenodacma sp.	277	
Stenodema sp.	077	
Stenodryas sp.	195	
Stenopsyche sp.	247	
Stenothemus sp.	156	
Stenus huabeiensis	131	
Stericta sp.	292	
Stictoleptura dichroa	196	
Stictopleurus minutus	093	
Stigmatium nakanei	158	
Stigmatonotum rufipes	085	
Stigmatophora micans	342	
Stigmatophora rhodophila	342	
Stomorhina obsolea	245	
Strangalia fortunei	196	
Stratiomys longicornis	229	
Striglina scalaria	301	
Strongylocoris leucocephalus	080	
Sumnius brunneus	166	
Syllepte invalidalis	296	
Sympetrum croceolum	011	
Sympetrum depressiusculum	011	
Sympetrum eroticum eroticum	011	
Sympetrum fonscolombii	011	
Sympetrum striolatum striolatum	011	
Sympiezomias sp.	217	
Sympistis campicola	332	
Synanthedon castanevora	282	
Synanthedon hector	283	
Synanthedon hongye	283	
Synanthedon tenuis	282	
Synanthedon unocingulata	283	
Syneta adamsi	188	
Systropus curvittatus	233	
Systropus daiyunshanus	233	
Systropus yspilus	233	

T

Tabanus sp.	227
Tachinus sp.	131
Tachycines sp.	030
Tachytes sp.	376
Taeniogonalos sp.	353
Taeniogonalos subtruncata	353
Tanyptera sp.	223
Tapinoma sp.	364
Teia convergens	338
Teia gonostigma	338
Teleogryllus emma	031
Teliphasa albifusa	292
Teliphasa amica	292
Teloganopsis punctisetae	005
Temnaspis sp.	178
Tenthredo adusta	349
Tenthredo fuscoterminata	349
Tenthredo mesomela	352
Tenthredo tienmushana	351
Tenthredo ussuriensis	350
Termioptycha margarita	292
Tessaromerus sp.	095
Tethea ocularis	317
Tetraophthalmus episcopalis	203
Tetraphala collaris	161
Thanatophilus rugosus	128
Thaumatomyia sp.	244
Themus impressipennis	155
Themus liceenti	155
Themus stigmaticus	155
Thosea sinensis	274
Thyas juno	329
Thyestilla gebleri	203
Thymelicus sp.	266
Thyreus decorus	372
Thyris fenestrella	301
Thysanogyna limbata	049
Tiliacea japonago	332
Tillus nitidus	159
Timandra sp.	306
Timelaea maculate	257
Timomenus sp.	041
Tipula (Acutipula) sp.	223
Tipula (Lunatipula) sp.	223
Tipula (Pterelachisus) sp.	223
Tipula (Vestiplex) sp.	223
Tipula (Yamatotipula) latemarginata latemarginata	222
Tipula (Yamatotipula) nova	222
Tischeria quercifolia	272
Tituria sp.	055
Tomapoderus ruficollis	218
Tomostethus fraxini	350
Tongeia filicaudis	264
Trachea punkikonis	330
Trachusa (Paraanthidium) cornopes	374
Trachys minutus minutus	147
Trachys sp.	147
Tremex apicalis	345
Triaenodes sp.	248
Tricentrus sp.	059
Trichochrysea sp.	189
Trichodes sinae	158
Trichoferus campestris	201
Trichophysetis rufoterminalis	298
Trigonognatha coreana	126
Trigonotoma lewisii	126
Trigonotylus coelestialium	077
Trilophidia annulata	033
Tropideres sp.	213
Tropidothorax sinensis	086
Tyrolimnas anthraconesa	281

U

Uraecha chinensis	202
Urochela falloui	095
Urochela quadrinotata	095
Uroleucon gobonis	046
Uropyia meticulodina	334
Urostylis annulicornis	095
Ussurella napolovi	204

V

Valenzuela sp.	043
Vanessa cardui	258
Vanessa indica	258
Vekunta nigrolineata	060
Velarifictorus micado	032
Venusia nigrifurca	305
Vespa bicolor	366
Vespa crabro	366
Vespa ducalis	366
Vespula flaviceps	366
Vespula koreensis	366
Vespula vulgaris	366
Vesta impressicollis	153
Vibidia duodecimguttata	164
Villa aquila	231
Vipio mongolicus	362
Volucella latifasciata	236
Volucella pellucens	236
Volucella pellucens tabanoides	236
Volucella sp.	236

W

Wesmaelius sp.	111

X

Xenocatantops brachycerus	035
Xenortholitha propinguata suavata	309
Xenozancla versicolor	311
Xestia c-nigrum	333
Xestia fuscostigma	327
Xestocephalus sp.	057
Xya japonica	038
Xylocopa appendiculata	370
Xylota ignava	239
Xylotrechus grayii grayii	200
Xylotrechus pekingensis	198
Xylotrechus pyrrhoderus pyrrhoderus	200

Y

Yakuhananomia yakui	168
Yemma exilis	083
Yoshiakioclytus qiaoi	198
Yphima sp.	255
Yphima sp.	255
Yponomeuta sp.	284

Z

Zanclognatha fumosa	325
Zanclognatha lunalis	325
Zanclognatha tarsipennalis	325
Zeuzera multistrigata	285
Zicrona caerulea	107
Zombrus bicolor	362
Zonitoschema klapperichi	176
Zoraida hubeiensis	060
Zygina sp.	056
Zygota sp.	357
Zyras sp.	130